U0163689

国家重点研发项目计划"国家公共安全应急平台"（2018YFC0807000)资助出版

应急大数据的
空间分析与
多因素关联挖掘

李英冰　张岩　著

WUHAN UNIVERSITY PRESS
武汉大学出版社

图书在版编目(CIP)数据

应急大数据的空间分析与多因素关联挖掘/李英冰,张岩著.—武汉:武汉大学出版社,2021.6(2025.1 重印)

ISBN 978-7-307-22259-5

Ⅰ.应…　Ⅱ.①李…　②张…　Ⅲ.数据处理　Ⅳ.TP274

中国版本图书馆 CIP 数据核字(2021)第 072199 号

责任编辑:鲍　玲　　　责任校对:汪欣怡　　　版式设计:马　佳

出版发行:**武汉大学出版社**　(430072　武昌　珞珈山)

(电子邮箱:cbs22@whu.edu.cn　网址:www.wdp.com.cn)

印刷:湖北云景数字印刷有限公司

开本:720×1000　1/16　印张:11.75　字数:211 千字　插页:1

版次:2021 年 6 月第 1 版　　2025 年 1 月第 3 次印刷

ISBN 978-7-307-22259-5　　定价:60.00 元

前　　言

近年来，公共卫生、社会安全等突发事件的发生频率有明显增加趋势，不仅严重威胁公众生命健康，而且给社会稳定和经济发展带来了极大危害。突发事件常常会诱发伴生与次生事件，灾害体和承灾体复杂多变，应急救援与断链减灾难度加大。例如，2020年新冠肺炎在全球大规模传播，人口、环境、舆情等多种因素相互结合、相互作用，助长了疫情的迅速蔓延。

我国高度重视突发事件的应对与处置，构建了国家应急管理平台，形成了较为完善的应急救援体系。例如在新冠肺炎疫情暴发后，采用关闭离疫区通道、社区网格化管理、医护人员驰援、建立方舱医院、开发健康码系统等有效措施，切断疫情传播途径、跟踪重点人群、全力抢救病患，成为全世界战胜新发重大疫情的典范。

合理应对突发事件，需要认清当前态势和未来趋势。本书通过多源数据汇聚，按照灾害体、承灾体和抗灾体进行数据组织与管理，应用空间分析、机器学习和应急管理的理论与方法，进行多因素关联挖掘分析，力求实现突发事件的状态透明、过程透明和变化透明，服务于应急救援。

本书是在国家重点研发项目计划"国家公共安全应急平台"（2018YFC0807000）支持下完成的。感谢研究团队的罗年学教授、孙海燕教授、巢佰崇教授、胡春春副教授、赵前胜副教授，以及参与课题的所有研究生，大家的紧密合作和共同努力为研究工作注入无穷的能量。感谢张双喜教授、罗佳教授在课题研究过程中给予的指导。感谢国家基础地理中心的刘万增主任、赵婷婷和翟曦，每一次的课题研讨都让我受益颇多。感谢武汉大学出版社的王金龙社长对本书出版工作所给予的支持。

应急大数据的内容庞杂，要素关系错综复杂，分析策略千变万化，本书选用典型案例进行处理与分析，错误和遗漏之处在所难免，敬请大家批评指正。

李英冰

2021 年 1 月

目　　录

第1章 绪 论

1.1 研究背景与意义

突发事件包括自然灾害、事故灾难、突发卫生事件和社会安全事件。在人类发展进程中，各类突发事件层出不穷，给人类社会造成深重影响，例如2020年暴发的新冠肺炎疫情，截至2021年1月30日，全球确诊病例达1.02亿例，死亡病例达222万例[1]，世界卫生组织估计2020年全球因新型冠状病毒直接损失9.2万亿美元[2]。进入21世纪以来，每年我国因突发事件造成的非正常死亡人数超过20万人（文彬等，2017）。

"十三五"规划和党的十八大报告均明确提出：要提高防范和应对突发事件的综合能力、加强突发事件应急体系建设，"建成与有效应对公共安全风险挑战相匹配、与全面建成小康社会要求相适应、覆盖应急管理全过程、全社会共同参与的突发事件应急体系，应急管理基础能力持续提升，核心应急救援能力显著增强，综合应急保障能力全面加强，社会协同应对能力明显改善，涉外应急能力得到加强，应急管理体系进一步完善，应急管理水平再上新台阶"。"十四五"规划提出要"构建源头防控、排查梳理、纠纷化解、应急处置的社会矛盾综合治理机制"。2020年出版的《习近平关于防范风险挑战、应对突发事件论述摘编》一书提到"加强应急管理和能力建设，事关人民生命财产安全，事关社会和谐稳定"的重要论述，提高突发事件防控能力、着力防范化解重大风险事关重要，是保持经济持续健康发展和社会大局稳定必不可少的前提。加强对突发事件应急处置的研究对提高应急管理水平、保障公共安全有着十分重要的意义。

突发事件发生过程中涉及自然环境和人类社会的多个环节，多个要素及其

---

[1] 数据来源：https://coronavirus.jhu.edu/
[2] 数据来源：https://www.who.int/

1

复杂的关系。自从国家应急管理部提出的"应急管理一张图"项目建设以来，日益发展的技术监测手段所带来的大量多维数据在重大公共应急事件中发挥了重要作用。例如，在 2020 年基于夜光遥感数据、导航软件出行数据进行的疫情常态化防控期复工复产城市活力监测（武汉大学新闻网），基于无人机影像数据的温岭油罐车爆炸现场的数字化建模（环球网），这些快速监测数据的应用有助于提高应急处置效率、减少灾害损失。

在"大应急"形势下，要做到系统、科学、有效地管理突发事件，就必须收集各种相关信息，并将这些信息的属性数据和空间数据相融合，集成为应急大数据。当灾害发生时，基于应急大数据，才能在第一时间知道灾害发生的位置、灾害发生地的自然与社会环境、周围有无紧急避难所、救灾物资储备情况，等等，从而借助时空分析和关联分析对突发事件的致灾因子、承灾体和抗灾体进行空间数据分析，有利于及时、快速、科学地应对灾情，减轻灾害损失，保障人民群众的生命财产安全。

1.2　基本原理与术语

本书采用的应急大数据关联挖掘理论框架如图 1.1 所示，以新冠肺炎疫情、交通事故和犯罪事件为例，针对城市中发生的公共卫生和社会安全事件，首先获取与组织应急大数据，然后建立关联挖掘框架，最后进行突发事件的"状态透明""过程透明"和"变化透明"分析，以服务于灾情的快速应对。

1.2.1　应急大数据的构成内容

应急大数据是指在突发事件全生命周期中的灾害体、承灾体、抗灾体、孕灾环境等相关空间与属性数据的集合，主要包括服务于灾害事件预防与准备、监测与预警、灾后恢复与重启过程中的空间基础数据、应急专题等多源数据。其中空间基础数据包括路网数据、行政区划数据、居民地数据、地面覆盖数据等；应急专题数据包括与灾害自身相关的致灾因子数据，与应急救援相关的抗灾体数据，与灾害作用对象相关的承灾体数据，导致灾害发生的孕灾环境数据，以及传递灾情的网络舆情数据。

在突发事件及其应对中存在三条主线，其一为灾害体，是突发事件本身；其二为承灾体，是突发事件作用的对象；其三为抗灾体，是采取应对措施的过程（范维澄等，2008）。

①灾害体，是指可能对人、物或社会系统带来灾害性破坏的事件。对突发

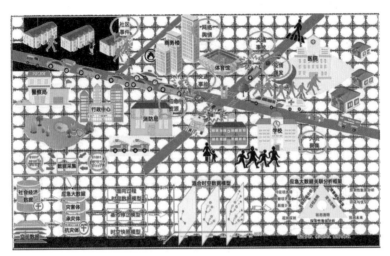

图 1.1　应急大数据的关联挖掘理论框架

事件的研究重点在于了解其孕育、发生、发展和突变的演化规律，认识灾害体作用的类型、强度和时空分布特性，研究的结果将能为预防突发事件的发生、阻断突发事件多极突变成灾的过程、减弱突发事件作用，并能为突发事件的监测监控和预测预警、掌握实施应急处置的正确方法和恰当时机，提供直接的科学基础（李英冰等，2021）。

②承灾体，是突发事件的作用对象，一般包括人、物、系统等三方面。通过对承灾体的研究，可以确定应急管理的关键目标，加强防护，从而实现有效预防和科技减灾；研究承灾体的破坏机理与脆弱性等，有利于在事前采取适当的防范措施，在事中采取适当的救援措施，在事后实施合理的恢复重建；研究承灾体对突发事件作用的承受能力与极限、损毁形式和程度，从而实现对突发事件作用后果的科学预测和预警；通过研究承灾体损毁与社会、自然系统的耦合作用，承灾体蕴含的灾害要素在突发事件下被激活或触发的规律，可以实现对突发事件链的预测预警，从而采取适当的方法阻断事件链的发生发展（李英冰等，2021）。

③抗灾体，是指可以预防或减少突发事件及其后果的各种人为干预手段。应急管理针对突发事件实施，可以减少事件的发生或降低突发事件作用的时空强度；针对承灾体实施，能有效增强承灾体的抗御能力。对应急管理的研究重点在于掌握对突发事件和承灾体施加人为干预的适当方式、力度和时机，从而

3

最大限度地阻止或控制突发事件的发生、发展，减弱突发事件的作用以及减少承灾体的破坏。对应急管理的科技支撑，体现在获知应急管理的重点目标、应急管理的科学方法和关键技术、应急措施实施的恰当时机和力度等方面（李英冰等，2021）。

丰富的应急数据可以用于灾害事件态势时空分析和应急处置过程模拟，为应急管理业务的精准、快速实施提供有效的必要基础支持。不同种类及不同来源的应急数据在应急处理时各有优劣，只有深入剖析这些应急数据特征，才能支持应急数据的综合运用，从而挖掘出隐藏的更丰富的信息。如何提高应急数据的存储、检索等管理效能，实现应急信息的充分利用，已成为综合减灾、大数据管理等领域关注的焦点。

1.2.2　应急大数据的关联挖掘分析三角形框架

大数据时代，数据来源多样、形式各异。着眼于突发事件及其应对中的三条主线——灾害体、承灾体、抗灾体，收集相关社会经济数据、空间数据等，以全视角复刻应急事件全过程。对应急大数据进行探索性数据分析、关联挖掘分析、情景模拟推演，可实现应急管理的状态透明、过程透明、变化透明。

①状态透明，是指探索性数据分析运用统计分析、模式分析等方法，并配合数据可视化工具，从时间、空间和属性这三个不同的维度对数据进行整理、概括和分析，揭示空间点分布隐藏的机理。

②过程透明，是指对灾害过程的时空变化进行建模，针对灾害事件及其应急过程的演化态势进行多源时空关联挖掘。关联挖掘分析通过特征项选择、频繁项计算、关联度计算等，针对犯罪、交通事故等数据进行分析，从空间、时间等多种视角，进行全局或局部挖掘时空分布模式、发生发展过程和事件关联因素研究，为相关处置与决策提供依据。

③变化透明，是指利用情景模拟推演、基于时空贝叶斯模型等对灾害做演变分析，分析灾害事件与环境变量的关系，并且根据挖掘出的关联规则对其未来发展趋势进行预测。

1.3　国内外研究现状

应急大数据的关联挖掘分析的主要理论基础是空间分析和时空关联分析。空间分析是基于地理对象的位置和形态特征的空间数据分析技术（戴劲松等，2003），通过对空间数据和空间模型的联合分析来挖掘空间目标的潜在信息、提取和传输时空信息（刘湘南等，2008）；时空关联分析是查找存在于空间对象之间的频繁模式、相关性或因果结构，研究空间对象随时间的变化规律，反映时空数据在时间和空间上的关联性（张俊，2011）。

1.3.1 总体研究概况

以"应急大数据""公共安全大数据"为主题关键词分别检索中文数据库 CNKI（中国知网）和外文数据库 WoS（Web of Science）核心合集，按照年份统计了 2012 年至 2020 年期刊、会议、专著与学位论文等文献发表情况，如图 1.2 所示。统计结果显示：国外对应急大数据的相关研究开始得较早，在 2012 年已有相当数量的文献，近些年来发表的文献数量也比较稳定，而国内近年来发表的文献数量呈明显的上升趋势。

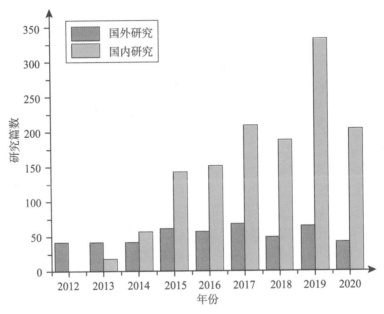

图 1.2 国内外主题发文分布

"应急大数据"等相关领域的研究热点为：关注应急管理与大数据本身，并将研究内容服务于公共卫生领域；2012 年之后，大数据技术快速发展，研究方向也转向大数据与多领域的交叉融合，运用人工智能技术与物联网技术，为应急处置提供支持；在 2020 年新冠肺炎疫情暴发之后，疫情防控成为了应急大数据的研究热点。

在"应急处置"方面，涉及的关键词有应急预案、应急响应、应急决策、应急处置、应急物流等，覆盖事件处置的全过程。近些年来，部分学者将目光投向数据安全、网络舆情研究等方面。对比分析关键词与相关主题，发现人工智能在应急大数据研究领域应用得较多。

灾害时空分析和关联分析是突发事件分析领域的两个重要的研究方向。下面将针对这两个方向的国内外研究现状进行具体阐述。

1.3.2 应急大数据的空间分析

应急大数据的时空分析从地理空间位置和时间的角度分析了突发事件的演变情况，按照时间尺度的长短可以分为长期发生规律和短期内突发事件发展过程研究；根据空间范围的大小则可以分为大、中、小尺度的分布特性、发展趋势研究。

国内发表的论文主要研究内容包括灾害时空变化、空间格局和影响因素。许多文献基于长期历史案例统计的方式研究了灾害在较大空间尺度范围的时空动态。例如，姚进喜等（2014）对甘肃省 2010—2012 年突发公共卫生事件报告管理信息系统中所报告的突发公共卫生事件资料进行了描述性流行病学分析，归纳出公共卫生事件的时空分布特征，为有效控制突发公共卫生事件的发生提供依据；孙亚军等（2020）采用描述性流行病学和时空自相关统计量对重庆市九龙坡区 2014—2018 年报告的传染病突发公共卫生事件进行分析，总结出流行病学特征，为九龙坡区传染病突发公共卫生事件的防控提供科学依据；王静爱等（1999）依据 1990—1996 年冰雹灾情信息，通过建立数据库，划分了中国冰雹灾害的组合类型，并绘制出冰雹灾害的空间分布图和时间变化图；史培军等（1999）深入分析了土地利用变化（空间格局与经济密度）对农业灾害的影响机制；周俊华等（2001）根据中国 1736—1948 年历史洪涝灾害资料和 1949—1998 年报刊数据，统计出了中国主要流域每年洪涝灾害的时间空间变化规律；刘甜等（2019）选取了 1965—2016 年全球气候、气象、水文 3 类灾害灾情数据，系统分析了灾次、灾害人口死亡率格局、致灾因子的区域差异与气候变化的关系，并探究了灾害人口死亡率的影响要素。

随着数据收集、处理技术的发展，获得突发事件的实时动态信息成为可能，一些学者开始对突发事件过程中的发展过程开展研究。例如，李纲等（2019）运用社交媒体数据对受灾地区用户和非受灾地区用户在灾难不同时期的热点话题进行分析，揭示和比较了两类用户在宏观层面和微观层面的话题演化规律，帮助管理部门高效地从社交媒体数据中识别受灾人群及其需求。

与国内的研究相似，国际上突发事件时空分析领域主要研究灾害的时空变化、空间格局和影响因素，通过构建模型、开发数据分析系统来优化灾害演化时空规律的分析结果和可视化效果。文献主要包括区域的脆弱性评价和灾害区域敏感性估计等方向。Cutter S L 等（2008）提出了基于位置的社区韧性评价模型，分析了社会脆弱性的时空变化；Rufat S 等（2015）综述了洪水灾害社会脆弱性评估的典型案例和指标。Tehrany M S 等（2014）运用基于规则的决策树以及频率比（FR）和逻辑回归（LR）统计方法相结合的方法绘制了马来西亚吉兰丹洪水敏感性地图，并探索了支持向量机（SVM）在区域敏感性评价中的应用；Termeh S V R 等（2018）比较了自适应神经模糊推理系统（ANFIS）与不同的元启发式算法（如蚁群优化、遗传算法、粒子群优化PSO），应用于区域敏感性评估。

1.3.3 应急大数据的时空关联性分析

时空关联性分析是研究空间对象随时间的变化规律，反映时空数据在时间和空间上的关联性。时空关联规则挖掘作为时空关联性分析的主要方法之一，虽然相较于风险评估和时空分析，国内外学者对其的研究与应用相对较少，但也取得了不少进展，并有了新的发展趋势。

时空关联性分析在交通领域取得了许多成果。Verhein F 等（2006）提出一种在交通高峰区域进行属性约减的时空关联规则算法 STAR （Spatio-Temporal Association Rules），并将关联规则扩展到时空领域。岳慧颖（2004）提出时空数据挖掘（SKDM）算法，先按空间位置生成项目-地址对，再综合时间因素发现带有时空约束的关联规则。方青等（2012）运用基于经典频集算法对交通事故数据进行了关联规则数据挖掘，挖掘出一系列有用的潜在规则，计算结果与实际情况相符合。所得出的高速公路事故的发生规则，可为交通事故预警提供参考，从而协助管理者在预警管理过程中采取更有针对性的措施，降低交通事故率，改善交通安全环境。夏英等（2011）在 SKDM 算法的基础上，提出了一种时空关联规则算法 STApriori，该算法同时考虑了时间的有效性和空间的关联性。通过实验对比分析证明了该算法的正确性和有效性，将该算法应用于交通拥堵的趋势分析与预测，分析造成后续拥堵的原因，预测初始拥堵会造成的交通事故等影响。谭星（2018）研究城市主干路交通状态评价与关联规则挖掘，为交通管理决策和信息服务提供了理论依据。

社会安全事件分析也是时空关联性分析广泛应用的领域。夏泽龙等（2017）以2015年南京市中心城区火灾案件数据作为研究对象，对研究区域的火灾数据在不同的时空尺度上进行了时空规律分析，探索出南京市中心城区火灾事件时空分布特点。闫密巧等（2017）提出了一种基于聚类的时空关联规则的公交犯罪挖掘算法，针对某市一个区的110报警数据库中的大量业务信息进行分析。叶文菁、吴升文（2014）则引入加权时空关联规则进行挖掘分析，试图找出公交扒窃的案发时空规律与时空犯罪模式。

时空关联性分析在传染病等公共卫生事件分析与预警中的应用也是学者研究的重点。王鲁茜（2011）对引起伤寒、霍乱等急性消化道传染病流行的众多相关因素进行分析，明确危险因素和采取的防治措施，从时空的角度分析地理环境因素的影响及各种因素间的相互关系。周忠玉等（2010）为了更好地了解我国心脑血管疾病、呼吸系统疾病等与天气之间的关系，利用1988—2008年我国相关疾病的医学气象研究成果，结合相对应的气象资料进行综合研究，得出变温变压值较大的季节通常是高血压疾病发病率较高的季节等重要结论。Kurane I 等（2009）研究气候变化与人体健康之间的关联关系，包括造成患有心血管疾病和呼吸道疾病的人死亡率的增加等直接影响，以及对传染病的间接影响。

在社会信息化技术的快速发展和国内国际公共安全应急体系不断完善的前提下，人工智能技术的发展促进了突发事件决策向智能化、自动化方向发展。利用机器学习、自然语言处理等技术智能化构建灾害数据库；通过案例推理、强化学习、模拟推演等手段提升应急决策的能力，实现灾前演练、制定预案，灾中动态研判，灾后复盘，是未来的发展方向。

1.4 本书体系构架

基于上述应急大数据的内容和关联挖掘理论框架，本书体系框架如下：

第1章为绪论，主要阐述研究背景与意义、应急大数据关联分析的国内外研究现状。

第2章阐述应急大数据的数据获取与组织，针对数据获取与组织的理论与技术进行详细说明。

第3章阐述利用空间分析进行时空发展态势分析的理论与技术。以纽约市交通事故数据为例，结合模式分析，冷点、热点分析，格局分析研究灾害发展态势，实现空间探测和应急服务能力评估。

第4章阐述利用机器学习进行关联因素分析的理论与技术。本章以纽约市交通事故数据为例，利用多元回归、概率推理、随机森林等机器学习方法进行关联计算，挖掘关联关系。

第5章阐述针对典型突发卫生事件，基于 SIR 等模型进行分析，探索舆情时空演化规律，并探讨多准则条件下的疫情风险评估。

第6章阐述针对公共安全事件，从时空发展态势、关联要素分析、区域多中心分析方面进行关联分析的方法，以及所获得的相关结论。

第2章 应急大数据获取方法与存储模型

应急大数据是突发事件生命周期中的致灾体、孕灾环境、承灾体、抗灾体等数据的集合，其构成如图 2.1 所示，致灾体相关的数据主要是指与突发事件相关的时空数据及事件本身属性数据，孕灾环境相关的数据主要是指促使突发事件发生的环境、社会等因素数据，承灾体相关数据主要是指突发事件作用的人口、社会经济及产业等数据，抗灾体数据主要是指对预防突发事件有利的医疗、资源、保障机构等数据，同时还有伴随整个突发事件过程中相关联的微博、知乎等舆情数据。

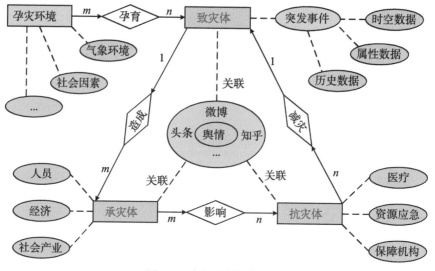

图 2.1　应急大数据构成图

针对应急大数据的构成集合，本章先根据应急大数据的类型，将其划分为多类，列举各类资源列表，然后根据不同的数据类型及来源介绍相应的获取方法，最后介绍应急大数据的存储模型。

2.1 应急大数据资源列表

根据突发事件的数据来源范围广、特点多等性质，将其划分为多种类型，主要包括：基础地理数据、遥感影像数据、突发事件数据、社会统计数据、网络舆情数据等。

2.1.1 基础地理数据

基础地理数据来源广、类型多，主要来源于地图导航与位置服务供应商、官方组织公开的地理信息数据集等（龚健雅，2001）。常用地图来源包括天地图、谷歌地图、百度地图、腾讯地图、高德地图、OpenStreetMap 等。地图数据作为地理实体的空间特征和属性特征的数字描述，提供资源、环境、经济和社会等领域的相关带有地理坐标的数据，可以获取到地形图、兴趣点（POI）、建筑信息、交通信息等数据。通过官方组织，可以获取包括湖泊、土地利用等数据。主要来源如下：

天地图（https://www.tianditu.gov.cn/）：由（原）国家测绘局主导建设的为公众、企业提供权威、可信、统一地理信息服务的大型互联网地理信息服务网站。

谷歌地图（http://ditu.google.cn/）：由谷歌公司提供的电子地图服务，提供矢量地图、不同分辨率的卫星影像以及可以显示等高线及地形的地形视图等。

必应地图（http://cn.bing.com/maps/）：微软公司开发的电子地图服务，可以提供鸟瞰地图、城市街道图片、三维地图等多种服务。

MapBox（http://www.mapbox.com/）：全球位置数据平台，可以免费创建并定制个性化地图的网站，支持高度自定义各种地图元素。

OpenStreetMap（https://www.openstreetmap.org/）：一种开源 wiki 地图，由用户根据手持 GPS 设备、航空摄影照片、其他自由内容甚至单靠本地知识绘制，离线数据下载网址为 http://download.geofabrik.de/。

中国湖泊数据集（https://data.tpdc.ac.cn/）：国家青藏高原科学数据中心结合 Landsat 影像（3831 景）、地形图，利用半自动水体提取及人工目视检查编辑，完成了过去 50 多年来详细的中国湖泊（大于 $1km^2$）数量与面积变化研究，可提供 TIFF 格式数据。

美国土地覆盖数据（http://www.mrlc.gov/）：用 Landsat 图像生产的 30

m 分辨率的土地覆盖数据库，提供了地表特征的空间参考和描述性数据，支持各种联邦、州、地方和非政府应用。

全球土地覆盖数据集（https：//www.webmap.cn/）：由中国国家基础地理信息中心发布，该数据集的分辨率为 30 m，以 2010 年为基准年的 Landsat 卫星观测数据分类得到，将土地划分为耕地、森林、草地等 10 种类型。

2.1.2　遥感影像数据

遥感影像数据具有丰富的地面信息，信息量大、综合性高、时效性强，蕴含大量的地理空间要素数据，广泛应用于地理国情监测、自然灾害监测中，对推动经济建设、社会进步、环境改善和国防建设发挥着重要作用（戴昌达，2004；周坚华，2010）。在应急管理中，不仅可以提供丰富的基础地理属性数据，还可结合相关地理信息系统（GIS）技术进一步分析挖掘，为加强区域内应急管理，保障地区的公共安全作出贡献。常用的影像数据源如下：

地理空间数据云（http：//www.gscloud.cn/）：建于 2010 年，以中国科学院及国家的科学研究为主要需求，引进国际上不同领域内的数据资源，并对其进行加工、整理、集成，最终实现数据的集中式公开服务、在线计算等。主要模块包括：影像数据，如 MODIS、Landsat、SRTM 等；数据产品，在影像数据及科学数据中心存档数据的基础上，利用国内外权威的数据处理方法，或科学数据中心自行研发的数据处理方法加工生产的高质量数据产品；模型计算，面向多领域科研需求，基于通用的数据模型，为用户提供可定制的数据产品加工，用户通过在线定制得到需要的数据产品。

Open Topography（https：//opentopography.org/）：一个提供高空间分辨率的地形数据和操作工具的门户网站。主要数据包括美国、加拿大、澳大利亚、巴西、海地、墨西哥和波多黎各等各地影像。

美国地质勘探局（USGS）（http：//earthexplorer.usgs.gov/）：是美国内政部所属的科学研究机构，提供最新、最全面的全球卫星影像，包括 Landsat、MODIS 等。

NOAA Digital Coast（https：//coast.noaa.gov/digitalcoast/tools/）：由美国国家海洋和大气管理局（NOAA）的海岸管理办公室管理，不仅提供沿海数据，而且提供相关的工具、培训和数据的来源信息。该网站包含可视化工具、预测工具等，使数据更容易查找和使用。

LiDAR Online（https：//www.lidar-online.com/）：LiDAR-Online 是一个激光雷达数据的网络平台，可以使用和下载地理空间数据的服务（点云、光栅、文件），提供整个地理空间社区能够访问的激光雷达数据，可以覆盖到全球范围，主要是欧洲、北美、南美和非洲。

国家生态观测网（NEON）（http://www.neonscience.org/data-resources/）：国家生态观测网（NEON）是由美国国家科学基金会资助的平台，它利用机载激光雷达绘制出植被，并收集和综合有关气候变化、土地利用变化和对自然资源和生物多样性的入侵物种的影响数据。数据收集方法包括现场仪器测量、现场取样和机载遥感。NEON 数据和资源都是免费提供的。NEON 的机载 LiDAR 数据有巨大的潜力。

中国遥感数据网（http://rs.ceode.ac.cn/）：中国遥感数据网（rs.ceode.ac.cn）是遥感地球所为实施新型的数据分发服务模式，面向全国用户建立的对地观测数据网络服务平台。通过这个平台，向全国用户提供研究所在对地观测数据服务方面的最新动态、一体化的卫星数据在线订购与分发、互动式的数据处理与加工要求、数据在应用中的解决方案、对地观测数据的标准与数据共享，从而更好地满足全国用户，特别是国家重大项目对数据的广泛性、多样化、时效性的要求，从而有效地服务于国家的经济建设。

Google Earth Engine（https://earthengine.google.com/）：谷歌地球引擎包含超过 200 个公共的数据集，超过 500 万张影像，每天增加大约 4000 张影像，容量超过 5PB。能够存取卫星影像和其他地球观测数据库中的资料，并且可提供足够的运算能力对这些数据进行处理。

"珞珈一号"（http://59.175.109.173：8888/）："珞珈一号" 01 星（Luojia1-01）是全球首颗专业夜光遥感卫星，搭乘 "长征二号" 丁运载火箭于 2018 年 6 月 2 日发射成功。"珞珈一号" 01 星获取的夜间灯光数据可用来分析城市的发展，进而研究社会经济环境。

2.1.3 突发事件数据

突发事件数据类型众多，包括全球恐怖主义研究数据、美国联邦应急署公布的火灾数据、美国城市犯罪数据、世界新冠肺炎疫情数据等。主要来源如下：

美国国家航空航天局（https://www.nasa.gov/）：是美国联邦政府的一个行政性科研机构，在其官网上可以获取的数据包括：近地卫星轨道要素数据集、全球滑坡记录数据集、巨大火球报告数据集等。

全球恐怖主义研究数据库（https://www.start.umd.edu/gtd/）：是一个开放源代码的数据库网站，这里记录了从 1970 年以后世界各地的恐怖事件信息，并且不断地更新各种恐怖事件。

美国联邦应急管理署（https：//www. fema. gov/）：联邦应急管理署隶属国土安全部，其中心任务是保护国家免受各种灾害威胁，减少财产和人员损失。这种灾害不仅包括飓风、地震、洪水、火灾等自然灾害，还包括恐怖袭击和其他人为灾难，旨在形成一个建立在风险研究基础上的综合性应急管理系统，涵盖灾害预防、保护、反应、恢复和减灾各个领域。

美国城市犯罪数据（https：//www. cityprotect. com/）：用户可以按区域、地址、邮政编码或执法机构名称搜索，以查看带有标识的最近警察活动的图标的地图。数据可以展示在过去 15 天内发生在某一个地区的犯罪数量——细分为暴力犯罪、财产犯罪和生活质量犯罪等。

世界新冠肺炎疫情数据（https：//covid19info. live/）：包括自疫情暴发以来，世界各国的确诊人数、死亡人数等新冠肺炎疫情数据。

2.1.4　社会统计数据

社会统计数据是由各个国家政府平台收集，与社会经济、生活相关的数据（马静等，2008）。这些数据可提供作为对突发事件分析的背景数据，如人口数据、经济相关的统计数据等。数据来源包括以下平台：

美国国家政府开放数据（https：//www. data. gov/）：提供了来自 50 多个组织的数据集，这些数据可以分为 14 个主题及 48 种数据格式。

世界各国数据指标档案（https：//www. indexmundi. com/）：互联网上最完备的国家档案站点，包含详细的国家统计数据，主要提供：大宗商品、汇率、农业、能源、矿业、贸易方式等方面的数据。

世界城市数据库（http：//www. wudapt. org/）：是一个开放、共享的城市数据库。该数据库以本地气候区作为分类框架，对不透水表面、透水表面、草地等土地覆盖和土地利用类型进行采样；采用在线和基于移动工具以获得建筑材料、建筑尺寸、冠层宽度等其他信息。

深圳市政府数据开放平台（https：//opendata. sz. gov. cn）：该平台致力于提供深圳市政府部门可开放的各类数据的下载与 API 接口调用服务，为企业和个人开展信息资源的社会化开发利用提供数据支撑，推动信息资源增值服务的发展以及相关数据分析与研究工作的开展。

国家统计局统计数据（http：//www. stats. gov. cn）：中国统一核定、管理、公布全国性的基本统计资料，定期向社会公众发布全国国民经济和社会发展情况的统计信息。

美国旧金山开放数据（https：//data.sfgov.org/）：旧金山市和州的数据交换和清算中心，管理了不同行业的350多个数据集，并且使用这些数据构建了许多创新产品，主要是针对交通数据集。

其他：美国纽约开放数据（https：//opendata.cityofnewyork.us/）、世界人口栅格数据（https：//www.worldpop.org/）等。

2.1.5 网络舆情数据

在应急处置过程中，通过舆情分析观察网络舆情的走向，对应急处置具有参考作用。舆情数据来源主要包括推特、微博、百度指数、知乎等。主要来源如下：

推特（https：//developer.twitter.com/）：是一家美国社交网络及微博、博客服务的网站，用户数量超过5亿，是全球互联网访问量最大的十个网站之一。

微博（http：//my.weibo.com/）：一种基于用户关系信息分享、传播以及获取的通过关注机制分享简短实时信息的广播式社交媒体、网络平台，新浪微博是中国最著名的微博平台，可以通过网络爬虫或者官方API的形式进行数据获取。

百度指数（http：//index.baidu.com/v2/index.html#/）：百度指数是以百度海量网民行为数据为基础的数据分享平台，可以研究关键词搜索趋势、洞察网民兴趣和需求、监测舆情动向、定位受众特征。

知乎（http：//www.zhihu.com/）：一个网络问答社区，用户围绕着某一感兴趣的话题进行相关的讨论，同时可以关注兴趣一致的人。它的特色是对于发散思维的整合。

2.1.6 其他数据

除了以上数据类型，应急大数据还包括气象数据、水文数据等其他类型数据。相关的平台来源包括水利部全国水雨情信息、中国气象数据网、中国空气质量在线监测分析平台等。主要来源如下：

中国水利部全国水雨情信息（http：//xxfb.mwr.cn/）：水利部官方平台，提供全国各大水系监测站水位高程，大型水库蓄水状态，全国降雨状态等水情信息。

中国气象数据网（http：//data.cma.cn/）：气象部门统一的公共数据服务政府平台，在线数据总量超过3PB，包含风云系列数据在内的983种卫星遥感数据及相关产品，面向科研用户发布海洋、辐射、气象灾害、科考等 96 种气象数据。

中国空气质量在线监测分析平台（https：//www. aqistudy. cn/）：收录全国各大城市天气数据，数据类型包括：温度、湿度、PM$_{2.5}$、AQI 等。

欧洲中期天气预报中心（https：//www.ecmwf. int/）：是一个 34 个国家支持的国际性组织，是国际性天气预报研究和业务机构，可提供全球大气温度、气压和风力、降雨、土壤含水量和海浪高度等数据信息。

美国气象环境预报中心（https：//www. ncep. noaa. gov/）：采用了当今最先进的全球资料同化系统和完善的数据库，对各种来源（地面、船舶、无线电探空、测风气球、飞机、卫星等）的观测资料进行质量控制和同化处理，获得了一套完整的再分析资料集，它不仅包含的要素多，范围广，而且延伸的时段长，是一个综合的气象数据集。

2.2　数据获取方法

针对不同类型的应急数据，根据相应的资源列表进行数据收集，部分数据可以直接下载，但部分数据需要更进一步处理才能获取。主要包括利用程序接口、网络爬虫、专业地图下载器等方式获取数据。

2.2.1　利用应用程序接口（API）获取数据

应用程序接口（API）是指一些预先定义的函数，或指软件系统不同组成部分衔接的约定，为开发人员提供访问应用程序一组例程的功能（任德凌等，2001）。API 使开发人员更容易创建复杂功能，而又无需访问源码或理解内部工作机制的细节。Web API 是指互联网产品对外提供的服务接口，Web API 为用户和开发者提供了存储服务、消息服务、计算服务等多种类型的服务（张志等，2018）。调用 Web API 服务时，首先必须保持网络连接正常，TCP/IP 服务正常，然后访问 API 服务资源的 URL，根据需求向服务器发送 HTTP 请求，进而对服务器资源进行操作。

Web API 主要包括基于简单对象访问协议（SOAP）的 Web Service 和 REST API。基于 SOPA 的 Web Service 相对较老，现在主流的 Web 服务以基于超文本传输协议（HTTP）的 REST API 为主。

HTTP 是一种基于 TCP/IP 协议的应用层协议，用来在浏览器和 Web 服务器之间传输信息。HTTP 协议一般是事务型协议，即一个请求对应一个响应，请求是由客户端发起 HTTP 请求给服务端的，服务端返回一个 HTTP 响应，通常称之为一次 HTTP 的事务（钱宏武，2008）。

表现层状态转化（REST）指一种 Web 架构原则。表现层是指将存储信息的实体资源具体呈现出来的多种形式（Fielding T R，2000）。例如，用 txt 格式表现文本信息，也可用 xml 格式、json 格式表现。在 REST 架构中，URI 只代表资源的实体，不代表它的形式（程小飞，2010）。它的具体表现形式应该在 HTTP 请求的头信息中用 Accept 和 Content-Type 字段指定。由于 HTTP 协议是一个无状态协议，因此所有数据的状态都保存在服务器端，如果客户端想要操作服务器，必须通过 HTTP 协议让服务器端发生状态转化。这种转化是建立在表现层之上的，因此就是表现层状态转化（李琦等，2016）。在 HTTP 协议里面，存在四个表示操作方式的动词：GET、POST、PUT、DELETE（姚明海等，2015），分别对应四种基本操作：GET 用来获取资源，POST 用来新建资源，PUT 用来更新资源，DELETE 用来删除资源。总的来说，REST 架构就是从资源的角度来观察整个网络，由 URI 确定分布在各处的资源，而客户端的应用通过 URI 来获取资源的表征，通过客户端的表现层来处理服务器端的资源。

如今的 Web 计算平台包含了广泛的功能，其中大部分均可以通过 API 访问。除了百度地图、高德地图、天地图提供的 API 外，政府部门也提供了数据共享平台，利用政府部门提供的 API 可以获取地理空间数据和属性数据。例如，深圳市政府数据开放平台，该开放平台由深圳市政务服务数据管理局主办，深圳市大数据资源管理中心负责建设运维，市、区各相关部门负责数据资源的提供、更新及维护，开放平台提供了大量的数据集和 API，集成了各行各业的数据资源供研究人员使用。

利用平台提供的 API 能够很方便地获取数据，调用 API 的基本流程如图 2.2 所示，首先注册数据开放平台账号，并申请应用密钥，然后根据需求构建 URL 结构，解析 URL 返回的结果，提取出所需要的信息。

本节以兴趣点（POI）数据获取为例，介绍 API 获取数据的流程。兴趣点是一种专用的地理实体，比如房屋地点、餐厅、停车位、旅游景点等，既可以是永久性的，如文物古迹，也可以是临时性的，如商店、餐馆等。兴趣点是支持基于位置的应用程序的大多数数据的基础，通过在在线地图上演示空间信息，为基于位置的移动应用程序的用户提供空间信息服务（周春辉等，2009）。

百度地图、高德地图和天地图为用户提供了 API 接口来获取所需 POI 数

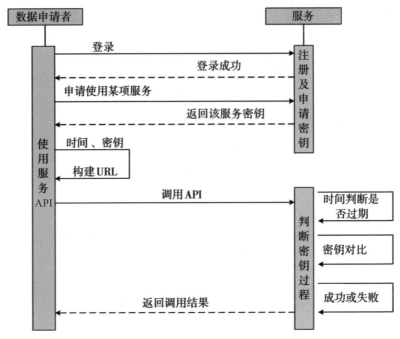

图 2.2　调用 API 的基本流程

据。三者 API 获取思路类似，这里以百度地图为例说明如何利用 API 来获取
POI 数据并存入 Excel。

　　首先，申请服务密钥（ak）码。开发者进入百度地图开发者平台按照指
示申请账号，在控制台创建浏览器端应用，选择需要的服务内容，创建成功后
即可获取本应用的服务密钥（ak）码。

　　其次，确定需要采集数据的空间范围。获取方式分为三种：按照行政区获
取 POI、在圆形区域内获取 POI、在方形区域内获取 POI。三者接口的请求参
数不同，但是返回参数是一致的。

　　然后，调用 API 获取数据。调用 API 请求通用格式如下：http：//
api. map. baidu. com/place/v2/search？query＝？&region＝？&ak＝？。

　　根据上述的 API 请求通用格式，依据自身需求进行自定义构建，例如：
url ＝ "http://api. map. baidu. com/place/v2/search？ak ＝" ＋ str（ak［0］）＋
"&output＝json&query＝" ＋ str（query［0］）＋ "&page_num＝" ＋ str（page_num）＋
"&bounds＝" ＋ str（bound［0］），表示应用检索第一方形区域内的第一类 POI 数据并以 json 格式返回数据，进行 URL 编码获得的 json 数据，对列表进行循环读取，提取出需要的信息。

最后，将获取结果写入 Excel 中。以武汉市中心城区为例，获取的医院POI 分布如图 2.3 所示。

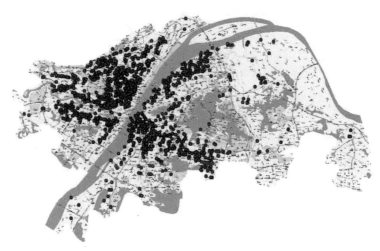

图 2.3　医院兴趣点（POI）分布

如果采用高德地图或者天地图 API，原理上是类似的，不同点在于构建URL 时接口参数会有一些不同，具体设置请查阅官方文档，根据官方文档和示例来设置接口参数，构建合理的 URL 即可，在此不再赘述。

2.2.2　网络爬虫

网络爬虫是一种按照一定的规则，自动抓取万维网信息的程序或者脚本，主要思路是由关键字指定统一资源定位符（URL），把所有相关的网页全抓下来，形成字符串文本，然后利用相关软件包结合正则表达式进行解析，提取文本信息，最后把文本信息存储下来（周德懋等，2009）。

下面以微博数据为例，介绍爬取社交媒体数据的基本步骤。微博是指一种基于用户关系信息分享、传播以及获取的通过关注机制分享简短实时信息的广播式的社交媒体、网络平台。用户可以通过 PC、手机等多种移动终端接入，以文字、图片、视频等多媒体形式，实现信息的即时分享、传播互动。微博用户端向服务器发送一个带 Cookie 认证的请求，服务器对网络请求进行响应，返回我们需要的数据, 请求原理如图 2.4 所示。在第一次请求中需要向服务器提交相应的账号密码等账户信息。

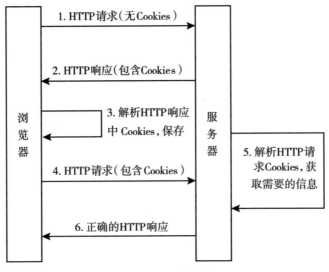

图 2.4 HTTP 连接原理

Cookies 是指某些网站为了辨别用户身份、进行会话跟踪而存储在用户本地终端上的数据 (李强等, 2011)。当客户端第一次请求服务器时, 服务器会返回一个请求头中带有 Set-Cookie 字段的响应给客户端, 用来标记是哪一个用户, 浏览器会把 Cookies 保存起来。当浏览器下一次再请求该网站时, 浏览器会把此 Cookies 放到请求头一起提交给服务器, Cookies 携带了会话 ID 信息, 服务器检查该 Cookies 即可找到对应的会话是什么, 然后再判断会话, 以此来辨认用户状态。在成功登录某个网站时, 服务器会告诉客户端设置哪些 Cookies 信息, 在后续访问页面时客户端会把 Cookies 发送给服务器, 服务器再找到对应的会话加以判断。如果会话中的某些设置登录状态的变量是有效的, 那就证明用户处于登录状态, 此时返回登录之后才可以查看网页内容, 浏览器再进行解析便可以看到了。反之, 如果传给服务器的 Cookies 是无效的, 或者会话已经过期了, 将不能继续访问页面, 此时可能会收到错误的响应或者跳转到登录页面重新登录。

爬虫的主要流程是获取相应的统一资源定位符 (URL), 利用发起页面请求, 抓取页面信息后, 指定采集规则并采集每一页需要的数据要素。一般地,都是通过爬取页面分析来制定抓取规则，规则见表2.1。

表2.1 微博抓取规则示例

发博日期	'.//span[@class="ct"]/text()'
微博 ID	'./@id'
用户昵称	'./a/text()'
点赞数量	'./span[@class="cc"]/a/text()'
微博内容	'./span[@class="ctt"]/text()'

每页微博数据请求到页面并完成解析后，按照抓取的逻辑与规则插入到数据库中，若 Cookies 数量较少时，可拟定爬虫访问频率，降低数据服务区访问压力。若需要快速抓取，可以考虑多开线程，提升数据采集效率。此外，还可以构建 Cookie 池，进行 Cookie 的定时更新与维护。

2.2.3 专业地图下载工具

专业地图下载工具主要用于获取空间数据。空间数据包含位置、形态、大小分布等信息，分为地图数据、影像数据、地形数据、属性数据及元数据（谢卡尔，2004）。其中，地图数据指的是各种类型的普通地图及专题地图；影像数据是指来源于卫星、航空遥感等影像的数据；地形数据是指包含了地形信息的数据，主要包括数字高程模型（DEM）和其他实测的地形数据等。

常用的下载器包括：太乐地图下载器、LocalSpaceView 等。利用太乐地图、LocalSpaceView 等工具下载空间数据，可进行自定义范围下载、行政区划下载等，两者的功能类似，但 LocalSpaceView 可供用户免费使用。两者都支持地图下载、高程下载、POI 下载、服务发布等。同时还支持各种街道地图、地形图的下载以及无缝拼接、无损压缩、地图纠偏、坐标系转换、离线浏览和地图服务发布等功能。可以下载的数据类型包括：谷歌卫星高清影像数据、谷歌卫星高清历史影像数据、10m DEM 高程、地名路网矢量数据、建筑楼块、POI 兴趣点、乡镇边界等。基本下载流程如图 2.5 所示。

2.2.4 应急大数据获取示例

根据"公共安全三角形"（范维澄等，2012），将应急时空大数据分为灾害体、承灾体、孕灾环境、抗灾体等类型，大致的数据类型及获取方式见表2.2。

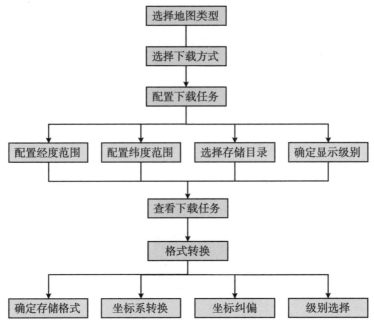

图 2.5　空间数据下载流程

表 2.2　　　　　　　　　　**应急数据分类及获取方式**

灾害体	承灾体	孕灾环境	抗灾体	其他
灾害自身数据、灾情数据	GDP、学校、格网、生活服务、人口密度等数据	高程数据、降雨、水域、河流、大风、气温等数据	医疗、交通线路、政府机构、药店等数据	舆情数据、基础地理信息数据等
资源列表下载	资源列表下载、兴趣点获取	资源列表下载	资源列表下载、兴趣点获取	网络爬虫获取、资源列表下载

　　以美国纽约市感染新冠肺炎情况为例，根据以上收集方式收集该事件的相关联灾害体、孕灾环境、承灾体、抗灾体等数据。其中孕灾环境数据包括水域和河流、森林、草地等自然环境，以及商业、工业、医疗、住宅等人口密集区域。承灾体数据包括 100m 分辨率的人口密度格网，学校、商业、娱乐等各种数据，抗灾体数据包括公路、铁路等交通线路，政府机构、医疗、药店等应急救援主体。如图 2.6、图 2.7、图 2.8、图 2.9 所示。

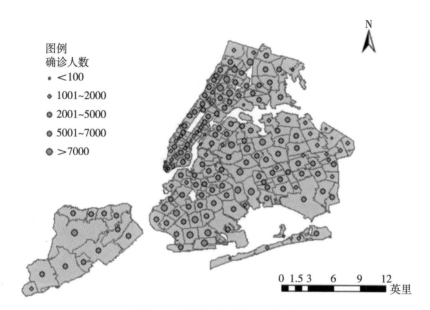

图例
确诊人数
. <100
• 1001~2000
◉ 2001~5000
◉ 5001~7000
◉ >7000

图 2.6 新冠肺炎确诊病例分布

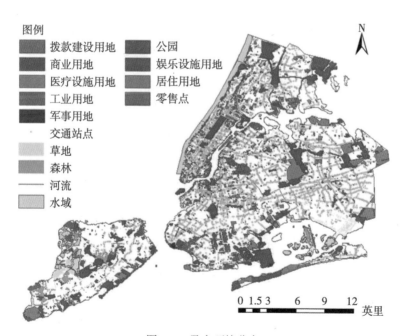

图例

拨款建设用地　　公园
商业用地　　　　娱乐设施用地
医疗设施用地　　居住用地
工业用地　　　　零售点
军事用地
交通站点
草地
森林
河流
水域

图 2.7 孕灾环境分布

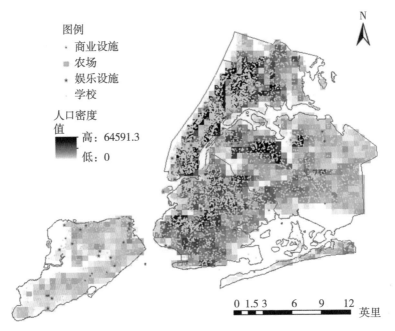

图 2.8　承灾体分布

图 2.9　抗灾体分布

2.3 应急大数据的存储模型

应急大数据种类多，关系复杂。在信息化、数字化、大数据和"互联网+"的时代背景下，单一类型的时空数据模型已经无法满足对于应急数据空间、时间和属性一体化管理的需求，探索适合支持多种数据格式的混合时空数据模型显得尤为必要（边馥苓等，2016；王家耀等，2017）。

本研究所采取的混合时空模型综合利用了面向过程数据模型、时空快照、基态修正、时空立方体等数据模型的思想。该混合时空数据模型将应急时空大数据抽象为数据集｛时间（T），空间（X），事件（E）｝，如图 2.10 所示。其中时间轴 T 为 UTC 时间，空间轴 X 为与突发事件相关的空间基础数据，存储形式为 CGCS2000 坐标系下的大地坐标，事件轴 E 是突发事件的相关数据，主要包括致灾因子、承灾体、孕灾环境、抗灾体等数据。

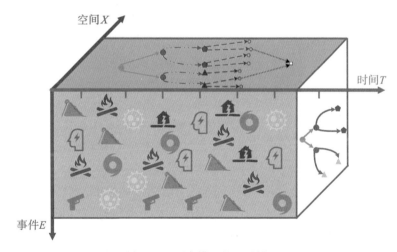

图 2.10　混合模型的基础描述

该时空混合模型主要有两个技术要点：在时空基准统一的条件下，在时间轴（T）上基于基态修正的时空快照模型进行高效存储与快速查询，事件轴（E）上采用面向过程的思想实现突发事件的全生命周期管理。

将 X 及 E 投影到时间轴（T），可视为在某一时间节点上的快照片段数据，表达为该时刻发生事件涉及的空间区域以及应急数据（致灾因子、承灾体、抗模型）。

将 X 及 T 投影到事件轴（E），描述了突发事件的生命周期全过程，利用事件标识从快照片段中进行抽取属于同一事件的快照片段，并采用分级思想进行组织，从而实现对突发事件的时空语义和动态表达的完整存储。

2.3.1　时空基准统一

1. 时间基准统一

时间基准是指时间测量的一个标准公共尺度，一般来说，任何一个观测到的，满足连续性、具有周期性并且周期稳定的、可复现的三个条件的运动都可以作为时间基准（徐绍铨等，2016）。迄今为止，运用较为精准的时间基准主要有地球自转、行星绕太阳公转和原子谐波振荡三种，现在绝大多数的时间系统采用原子谐波振荡作为时间基准，因此在此仅讨论以原子谐波振荡作为时间基准的时间系统统一，主要包括国际原子时、协调世界时、GPS 时和北斗时。

国际原子时（TAI）是一个高精度的原子坐标时间标准，基于地球大地水准上的固有时间。它是陆地时间的主要实现（除了固定的时代偏移），也是协调世界时（UTC）的基础，它用于在地球表面的所有时间内保持民用时间（蔡志武等，2010）。协调世界时是世界上调节时钟和时间的主要时间标准，它与 0 度经线的平太阳时相差不超过 1 秒。协调世界时是最接近格林尼治标准时间（GMT）的几个替代时间系统之一（徐绍铨等，2016）。

全球卫星定位系统（GPS）时间系统采用原子时 AT1 秒长作为时间基准，时间起算的原点定义在 1980 年 1 月 6 日世界协调时 UTC0 时，启动后不跳秒，保证时间的连续（徐绍铨等，2016）。北斗卫星导航系统（BDS）采用的时间基准为北斗时（BDT），它是一种原子时，以国际单位制（SI）秒为基本单位而连续累计，不用调整秒的形式，起始历元为协调世界时（UTC）2006 年 1 月 1 日 0 时 0 分 0 秒，采用周和周内秒的计数形式（胡汉武等，2013）。

不同的时间系统之间存在联系和差异，因此需要对其进行统一，一般以应用最广泛的 UTC 作为标准进行统一，具体的转化关系见表 2.3（截至 2019 年 11 月）。

表 2.3　　　　　　　　　　　不同时间系统之间的转化关系

UTC	TAI	GPST	BDT
0	+37s	+18s	+4s

2. 空间基准统一

空间基准统一采用 CGCS2000 坐标系，数据格式统一采用大地坐标（经度，纬度，正常高）。空间基准统一主要采用坐标转换、投影变换、高程拟合的方法实现。坐标转换主要包括：相同基准下的坐标通过几何转换公式进行坐标转换；不同基准下的坐标通过公共点计算坐标系统间的转换参数，然后利用转换参数计算其他点的坐标。投影变换是指通过高斯投影反算公式实现将平面的直角坐标转换成曲面的大地坐标。高程拟合是指通过内插得到待定点的高程异常以及大地高计算正常高程。一般来说，空间基准的统一分为两个部分，第一部分是坐标系统基准的统一，第二部分是坐标格式的统一。

地球坐标系分为参心坐标系、地心坐标系和地方独立坐标系，这里只讨论前两者。参心坐标系是以参考椭球的几何中心为基准的大地坐标系，常见的参心坐标系有西安 80 与 BJ54 坐标系。地心坐标系是以地球质心（总椭球的几何中心）为原点的大地坐标系，常见的地心坐标系包括 CGCS2000 坐标系与 WGS84 坐标系。坐标格式分为空间直角坐标（以 X, Y, Z 为其坐标元素）和大地坐标（以 B, L, H 为其坐标元素）两种。两个部分相互组合就形成了常用的四类坐标系：参心空间直角坐标系、参心大地坐标系、地心空间直角坐标系、地心大地坐标系。

要统一空间基准，就是要统一坐标格式和坐标系，这里以 CGCS2000 坐标系 BLH 坐标为基准。首先讨论如何在同一个坐标系内统一坐标格式。对于同一个参考椭球，其长半轴为 a，第一偏心率为 e，则有：

$$\begin{cases} X = (N + H) \cdot \cos B \cdot \cos L \\ Y = (N + H) \cdot \cos B \cdot \sin L \\ Z = [N \cdot (1 - e^2) + H] \cdot \sin B \end{cases} \qquad (2.1)$$

由上式可完成大地坐标向空间直角坐标的转换。如果已知空间直角坐标分量，要转换为大地坐标，则有

$$\begin{cases} L = \arctan \dfrac{Y}{X} \\ B = \arctan \dfrac{Z + N \cdot e^2 \cdot \sin B}{\sqrt{X^2 + Y^2}} \\ H = \dfrac{\sqrt{X^2 + Y^2}}{\cos B} - N \end{cases} \qquad (2.2)$$

其中的 B 值需要迭代求解。到此就完成了统一坐标系内坐标格式的转换。

对于不同坐标系之间的转换，主要方法为坐标系参数转换，对空间直角坐标系而言有 3 个旋转参数、3 个平移参数和 1 个尺度参数，对大地坐标系而言有 3 个旋转参数、3 个平移参数、1 个尺度参数和 2 个椭球元素变化参数，因此两种坐标系分别采用 7 参数转换和 9 参数转换的方法来进行不同坐标系的转换。以 7 参数转换为例，假设转换前的坐标为 (X_1, Y_1, Z_1)，转换后的坐标为 (X_2, Y_2, Z_2)，则有

$$
\begin{bmatrix} X_2 \\ Y_2 \\ Z_2 \end{bmatrix} = \begin{bmatrix} DX_0 \\ DY_0 \\ DZ_0 \end{bmatrix} + (1+m) \cdot \begin{bmatrix} 0 & e_z & e_y \\ -e_z & 0 & e_x \\ e_y & -e_x & 0 \end{bmatrix} \cdot \begin{bmatrix} X_1 \\ Y_1 \\ Z_1 \end{bmatrix} \tag{2.3}
$$

其中，m 为尺度变化参数；DX_0、DY_0、DZ_0 为 3 个平移参数；e_X、e_Y、e_Z 为 3 个旋转参数。为了求解这 7 个参数，必须至少有 3 个公共点坐标，利用最小二乘法进行平差求得 7 个参数的最或然值。对于大地坐标系而言，除了上述的 7 个参数外还有 2 个椭球参数，类似于 7 参数转换的思路，先将 9 个参数联立取全微分，得到 9 参数的广义大地坐标微分公式，再进行广义最小二乘平差即可得到 9 个参数的最或然值。

在进行空间基准统一的过程中，需要将部分仅有地址而无坐标的空间实体进行地理编码后再转化。地理编码是为识别点、线、面的位置和属性而设置的编码，将全部实体按照预先拟定的分类系统，选择最适宜的量化方法，按实体的属性特征和集合坐标的数据结构记录在计算机的储存设备上。

地理编码的过程通常包括地址标准化和地址匹配。地址标准化是指在街道地址被编码之前所做的标准化处理（郭会等，2009）。将街道地址处理为一种熟悉的、常用的格式，纠正街道和地址名称的拼写形式等。地址匹配是指确定具有地址事件的空间位置并且将其绘制在地图上，其目标是为任何输入的地址数据返回最准确的匹配结果（胡青等，2008）。首先在街道级别的地址范围内进行精确匹配，如果没有找到匹配的地址，它会在上一级的地址范围内进行搜寻，直到找到匹配结果为止。然后，完成匹配的地址数据被赋予了空间坐标，从而能够在地图上表示出此地址数据所代表的空间位置。在地理编码的过程中，需要匹配两种类型的数据：一种是只包含地理实体位置信息，而没有相关地图定位信息（即空间坐标）的地址数据（如街道地址、邮政编码、行政区划等）；另一种是已经包含了相关地图定位信息（空间坐标）的地理参考数据（包括街道地图数据、邮政编码地图数据、行政区划地图数据等），这些数据集合或者数据库在地址匹配过程中起空间参考的作用（完成匹配后，给前者赋予地理空间坐标），这是地理编码技术应用中最核心的部分。对于地理编码

的级别，可以按照地址数据所表达的范围和精度来区分。不仅可以进行街道地址级别的地理编码，而且可以按照邮政编码级别对地址数据进行匹配和映射。地理编码的地址级别越细，进行定位的精确度也越高。街区范围的人口统计结果与邮递区号范围的人口统计结果相比就有明显的差别。很显然，在街区范围内进行地理编码和地址匹配可以得到更加详细的结果。

地理逆编码解析与地理编码恰好相反，地理逆编码解析是指由一个地理坐标得到相应的地址表述的过程，是地理编码的反向过程，它通过地面某个地物的坐标值来反向查询得到该地物所在的行政区划、所处街道，以及最匹配的标准地址信息（郭会等，2009）。这里简要介绍如何调用百度地图 API 实现地理编码与地理逆编码解析：

第一步，申请百度地图 API 使用的服务许可，具体操作可以参考爬取 POI 数据的部分。

第二步，构建 URL。根据自己的需求选取合适的接口参数构建 URL，然后进行 URL 编码。

第三步，利用 API 获得坐标。读取 URL，解析获得的 xlm 格式或 json 格式数据，将其转换为列表，读取列表中的经纬度信息即可。

2.3.2　应急大数据的基态修正时空快照模型

应急大数据的基态修正时空快照模型面向灾害全过程，在时空快照模型基础上引入基态修正，将基态修正模型存储效率高的特点和时空快照模型查询迅速的优点有机地结合在一起，实现对应急时空大数据的高效存储和快速查询。

基态修正的时空快照模型主要包含两类快照数据：某一时刻事件的所有数据，构成了事件的基态快照；之后采集相对于基态快照的变化量，形成了事件的修正快照。基态快照反映了基准时刻事件的全要素信息，修正快照反映了该时刻新的数据状态，基态快照和修正快照之和是修正时刻的全要素信息。

1. 基态修正模型

基态修正模型是对序列快照模型的改进，它的特点是存储量少，易于进行变化分析。基态修正模型以研究区域某时刻的数据状态为基态，之后采集相对于基态的变化量，并以变化信息来修正基态以获得该区域新的数据状态（周辉等，2010）。它以初始数据库为基础，针对变化情况，及时发现和测定变化内容，并用反映现势状况的增量信息对初始数据库进行修正、补充和更新，使数据库现状与实际情况保持一致。

2. 基态修正模型的改进——基态修正时空快照模型

基态修正时空快照模型主要包含两类数据：某一时刻事件的所有数据，构成了事件的基态快照；之后采集相对于基态快照的变化量，形成了事件的修正快照，如图 2.11 所示。

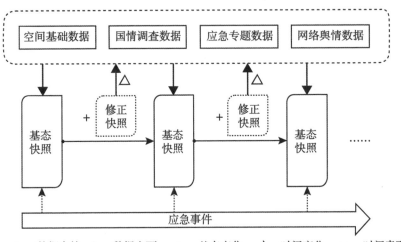

图 2.11　基态修正时空快照模型的应急时空数据存储图

基态快照反映了基准时刻事件的全要素信息，修正快照反映了该时刻新的数据状态，基态快照和修正快照之和是修正时刻的全要素信息。如图 2.12 所示，T_0 时刻的要素信息包括图中的蓝色实体，T_1 时刻变化的部分是绿色实体，全要素包含蓝色和绿色实体。这些要素的变化反映了事件的发展。

（1）基态快照

基态快照描述了突发事件在某一时刻的整体数据状态，该时刻可以是突发事件发生的时刻，也可以是突发事件发生前的预警时刻。它在存储或入库后，其数据的内容是可以被不断修正的。

在突发事件中，空间基础数据（例如路网数据等）、应急专题数据中的承灾体数据、抗灾体数据等受灾害影响程度较小，不会发生大范围的变化，往往只在受致灾因子影响时，才会导致其发生变化，因此可以作为基态快照里的基态数据。突发事件中主要发生变化的是国情调查数据和应急专题数据中的致灾因子数据、孕灾环境数据和网络舆情数据等，往往受到突发事件触发随时间变

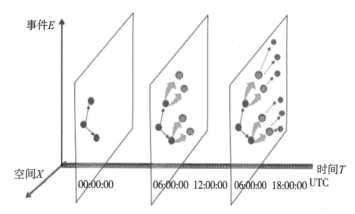

图 2.12 基态修正时空快照模型示意图

化而改变,为避免数据存储冗余,只把这些数据在突发事件的初始时刻的状态作为基态快照中的一部分基态数据。

不同类型灾害的基态快照中都包含空间基础数据、灾情调查数据和网络舆情数据。除此之外,每种类型的灾害事件基态快照中还包含该类型的特征基态数据。例如,重大卫生事件需要存储基态时刻受影响的人数;火灾灾害中需要存储基态时刻的火势数据等。

表 2.4 是基态快照的基态数据构成,其中 STObj 类型是各类型数据的时空数据对象,主要包括时间、空间以及属性信息。

表2.4 **基态快照表(JTKZ)**

字段名	字段类型	字段含义
Event_ID	NUMBER	突发事件 ID
Event_Name	VARCHAR	突发事件名称
Event_Des	TEXT	突发事件的文本描述
JT_Time	TIME	基态时刻
SB_Data	STObj	空间基础数据
DS_data	STObj	灾情数据
HBE_Data	STObj	承灾体数据
RE_Data	STObj	抗灾体数据

续表

字段名	字段类型	字段含义
DIF_Data	STObj	致灾因子数据
DIE_Data	STObj	孕灾环境数据
IPO_Data	STObj	网络舆情数据

（2）修正快照

修正快照储存数据是各突发事件相对于基态时刻的改变量。该变量主要描述突发事件中基态数据的变更，修正快照主要涉及快照时刻选择以及快照增量数据储存两方面的内容（周辉等，2010）。

根据灾害管理周期和各类型灾害间的关系不同，对不同类型的灾害选取不同的关键时刻作为其修正快照时刻。针对传染病等突发卫生事件，快照时刻选取重点应该放在发生时应对重点事件上面；而台风等演变相对缓慢的自然灾害，快照时刻选取重点应该均衡地放在预警阶段、灾害响应以及灾后恢复重建阶段的重点事件上面。在应急救援阶段，修正快照时刻可以选取为重要救援时刻，在灾后恢复与重建阶段，修正快照时刻可以选取为灾后恢复重建的计划时间节点。

修正快照存储的内容以变化较大、变化周期短的应急数据为主。不同类型的灾害修正快照存储的内容有所差异。除了基本的空间基础数据、国情统计数据、网络舆情数据、应急专题数据中的承灾体、抗灾体的变化部分，以及基态快照中各类型事件的特征基态数据的变化部分外，不同类型的灾害事件，应该在其修正快照中着重储存该灾害事件造成影响较大的事件状态数据。如传染病事件的修正快照应着重储存承灾体数据中变化的人数、地点等。

表 2.5 是根据基态快照表设计的修正快照表组织构成，其中 C_STObj 类是各时空数据对象的变化量。

表 2.5　　　　　　　　　修正快照表（XZKZ）

字段名	字段类型	字段含义
Layer_ID	NUMBER	修正图层 ID
Layer_Name	VARCHAR	修正图层名称
Event_ID	NUMBER	突发事件 ID

字段名	字段类型	字段含义
Change_ID	NUMBER	修正 ID
Change_Des	TEXT	修正的文本描述
C_Time	TIME	修正时间
C_SB_Data	C_STObj	空间基础数据变化量
C_DS_data	C_STObj	灾情调查数据变化量
C_HBE_Data	C_STObj	承灾体数据变化量
C_RE_Data	C_STObj	抗灾体数据变化量
C_DIF_Data	C_STObj	致灾因子数据变化量
C_DIE_Data	C_STObj	孕灾环境数据变化量
C_IPO_Data	C_STObj	网络舆情数据变化量

2.3.3 面向过程的分级存储思想实现突发事件的全生命周期管理

1. 面向过程的突发事件时空数据模型

面向过程的时空数据模型适用于突发事件的组织与表达，因为应急往往是一个过程，是由监测预警、抗灾与救援、恢复与重新过程等多个阶段作用的结果。事件轴（E）上面向过程的时空数据模型是对突发事件的时空过程进行的抽象语义表达，具体表现为基于地理实体（现象）自身演变规律，利用"分级思想"把突发事件分为不同层次结构及其层次之间的顺序关系、序列关系、关联关系及各种地理事件抽象为连续渐变机制（薛存金等，2010）。面向过程的突发事件时空建模理论包括：概念层次上的过程语义、逻辑层次上的过程对象表达与组织和物理层次上的存储（陈军，1995）。

结合苏振奋等面向过程时空数据模型思想（苏奋振等，2006），从应急对象出发，连续渐变的应急时空过程可简单地抽象为：时空过程、时空过程阶段、原子单元的分级结构，如图 2.13 所示。

由于过程对象在不同阶段具有不同的演变机制，因而阶段隐式地记录地理实体的演变机制，来实现演变序列的连续渐变表达（薛存金等，2007）。原子

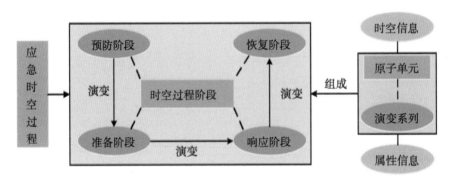

图 2.13　应急时空过程语义分级结构

单元是演变序列的载体，记录某一时刻状态的空间与属性信息。连续渐变的时空过程语义表达能满足：①刻画实体的连续渐变特性；②记录实体的连续渐变机制；③实现过程各个阶段的空间、时态、时空与过程操作（杨骏等，2006）。

2. 面向过程的突发事件数据储存设计

根据突发事件对象的快照数据的演变规律，把突发事件分级抽象为：突发事件过程对象、过程阶段对象、过程状态对象（刘长东，2008）。通过过程对象的分级抽象结构，不仅易于实现过程对象的分级存储与分析，而且易于实现过程对象的分级表达。一个突发事件时空过程对象由多个过程阶段组成，一个过程阶段可理解为多个固定时刻地理实体的空间分布与属性信息（状态对象）（李泺等，2008）。可由过程状态对象聚合成过程阶段，不同的过程阶段又聚合为一个过程对象。不同的状态对象还可通过时空插值出其变化，如图 2.14 所示。

在面向过程的突发事件时空数据模型中，通过已经存入数据库中的快照片段集合，选取突发事件为同一名的快照片段。对同一事件的快照片段进行按名抽取、时序排列等步骤，筛选出数据量合适的快照片段数据。通过自定义的突发事件状态，对快照片段关键字进行组织操作，得到应急过程状态对象表。通过将突发事件的状态组织划分为不同的突发事件时空过程阶段，即预防、准备、响应、恢复四个阶段，再将应急过程状态对象表进行聚合，得到应急过程阶段对象表，最后将同一事件的不同阶段进行集合得到突发事件过程表，便于

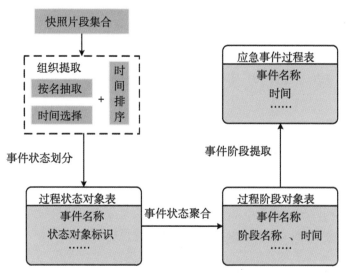

图 2.14　面向过程的突发事件时空数据模型

实现应急过程级别和阶段级别的查询操作（邵芸等，2008）。该模型可应用于对某一应急案例的快照片段数据进行突发事件的全生命周期组织，可服务于应急案例的全周期查询。

第3章 应急大数据的时空发展态势分析

本章对纽约市交通事故数据进行统计分析，探索交通事故的统计特征及空间特征，利用点模式分析方法探讨交通事故发生地的聚集特征。通过空间插值分析，研究交通事故的空间分布情况。通过空间自相关及地理探测器，分析交通事故的影响因子。结合空间分析与多准则决策分析，评价纽约市关于交通事故的应急服务能力，为减少和预防交通事故提供决策支持。

3.1 探索性数据分析

基于让数据说话的理念，利用探索性数据分析，进行一般统计分析及空间探索分析，通过显示关键性数据和使用简单的指标来得出模式，从而避免野值或非典型观测值的误导，揭示统计特征及空间分布模式。对空间分布进行描述和显示，识别非典型空间位置，从而发现空间关联模式（翁敏，2019）。探索性空间分析从大量、有噪声、模糊且随机的原始数据中，分析、加工、提取出有价值的数据、情报和知识，可以应用于统计、评估、决策以及预测全过程。

3.1.1 一般性统计分析

以纽约市 2015—2018 年共 4 年的交通事故为研究对象，通过对事故致因、空间要素、时间要素等进行统计分析，分析交通事故在成因、空间和时间三个维度的统计规律。

1. 交通事故的致因统计分析

一起交通事故一般会涉及两辆车辆，因此导致交通事故发生的原因可分为车辆 1 的贡献因素和车辆 2 的贡献因素（刘尧，2019）。对记录中的两个贡献因素进行统计，得到 55 种致因因素，其中包括酒后驾车、刹车失灵、司机注意力不集中、跟车过紧、路面湿滑等。2015—2018 年纽约市 798409 起交通事故中，有 569161 起给出了车辆 1 的致因因素，有 120602 起给出了车辆 2 的致因因素，排名前 10 的致因因素见表 3.1，占比最大的致因因素是"司机注意力不集中"。

表 3.1 交通事故致因因素前 10 名

序号	车辆 1 的致因因素	占比（%）	车辆 2 的致因因素	占比（%）
1	司机注意力不集中	21.564	司机注意力不集中	5.210
2	跟车过紧	6.559	其他车辆	1.737
3	无法产生通行权	6.511	跟车过紧	1.109
4	不安全倒车	4.563	无法产生通行权	0.920
5	其他车辆	3.390	超车或车道使用不当	0.813
6	超车或车道使用不当	3.275	超车过近	0.580
7	超车过近	3.109	疲劳驾驶	0.469
8	转弯不当	2.667	不安全倒车	0.466
9	不安全的车道变更	2.612	转弯不当	0.465
10	疲劳驾驶	1.915	不安全的车道变更	0.449

2. 交通事故空间要素统计分析

按照行政分区进行统计，得到纽约市 5 个行政区共 195 个人口普查区的交通事故次数的分布，如图 3.1 所示。图中颜色越深，说明该区发生的交通事故次数越多。

发生交通事故次数最多的 5 个人口普查区见表 3.2，其中有 3 个属于曼哈顿区，3 个属于皇后区，2 个属于布鲁克林区，事故发生次数最多的是曼哈顿区的 MN17 人口普查区，4 年累计发生 18414 起，平均每平方千米发生 6565起。

表 3.2 交通事故发生次数前 5 名的人口普查区

序号	人口普查区	行政区	2015 年	2016 年	2017 年	2018 年	合计
1	MN17	曼哈顿	5012	4609	4602	4191	18414
2	MN13	曼哈顿	3898	3498	3615	3599	14610

续表

序号	人口普查区	行政区	2015 年	2016 年	2017 年	2018 年	合计
3	BK82	布鲁克林	3034	3338	3697	3646	13715
4	QN99	皇后	3056	2845	3382	3614	12897
5	QN31	皇后	2889	2874	3283	3422	12468

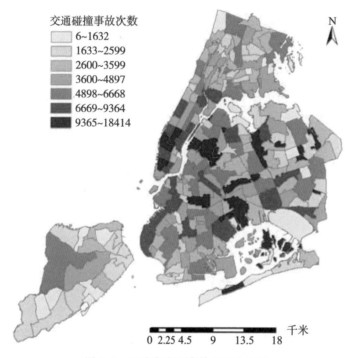

图 3.1　纽约市交通事故空间分布图

纽约市 5 个行政区交通事故统计见表 3.3。其中布鲁克林区的交通事故数最多，累计 236479 次，平均每年发生 59120 起，其次是皇后区、曼哈顿区、布朗克斯区和施泰登岛区。

经过计算，得出纽约市 5 个区中，曼哈顿区单位面积内交通事故次数最多，累计约 2952 起/平方千米，平均每年 738 起/平方千米，其次是布鲁克林区、布朗克斯区、皇后区和施泰登岛区。

表 3.3   **纽约市各行政区交通事故数统计**

行政区	2015 年	2016 年	2017 年	2018 年	合计
布朗克斯	22947	27856	33397	33543	117743
布鲁克林	54677	55981	62825	62996	236479
曼哈顿	44810	42253	44728	42661	174452
皇后	52005	54237	60657	62262	229161
施泰登岛	7566	9839	11586	11583	40574
合计	182005	190166	213193	213045	798409

3. 交通事故时间要素统计分析

由表 3.3 可知，从 2015 年到 2018 年，纽约市的布朗克斯区、布鲁克林区、皇后区和施泰登岛的交通事故次数总体呈逐年上涨趋势；曼哈顿区的交通事故数在这 4 年中有起伏，2016 年相比 2015 年有所下降，然后又开始上升，2018 年有所减少。

汇总纽约市 5 个行政区不同季节发生交通事故的次数，如图 3.2 所示。结果显示布鲁克林区和曼哈顿区在 2017 年夏季的交通事故次数最多，施泰登岛区在 2017 年冬季的交通事故次数最多，布朗克斯区在 2018 年夏季的交通事故次数最多，皇后区在 2018 年冬季的交通事故次数最多；布鲁克林区和皇后区在 2016 年春季的交通事故次数最少，布朗克斯区和施泰登岛区在 2015 年春季的交通事故次数最少，曼哈顿区在 2016 年夏季的交通事故次数最少。

从图 3.2 中可以看出 5 个行政区的交通事故数在每年春季相对于上一季度有明显的下降；除曼哈顿区 2016 年外，每年春季的交通事故次数均为同年最小值，曼哈顿区 2016 年夏季为同年最小值。通过标准差计算，可以发现这 4 年中，施泰登岛区随季节变化最小，其次是曼哈顿区、布朗克斯区和布鲁克林区，皇后区随季节变化最大。

汇总出 5 个行政区每个月发生交通事故的次数，如图 3.3 所示。结果显示 5 个行政区在 2016 年 4 月发生交通事故次数均为 4 年中最少，且远小于平均值。曼哈顿区在 2015 年 10 月发生交通事故的次数最多，布朗克斯区则是 2017 年 5 月，布鲁克林区为 2017 年 6 月，皇后区为 2018 年 5 月，施泰登岛区为 2018 年 10 月。除施泰登岛区外，其他 4 个区发生交通事故次数最多的月份均为 5 月或 6 月。还可以发现除 2016 年之外，5 个行政区在每年的 2 月发生交通

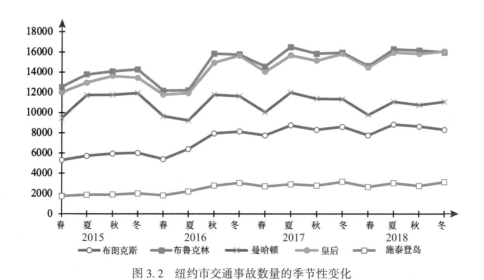

图 3.2　纽约市交通事故数量的季节性变化

事故次数最少，而在 2016 年 4 月发生的交通事故次数为全年最少。

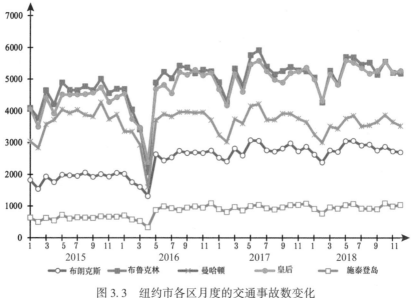

图 3.3　纽约市各区月度的交通事故数变化

统计汇总一天中各时段发生的交通事故次数，0 代表 0 时至 1 时，按一天

24 个小时进行划分，汇总四年间一天 24 个时段内发生的交通事故次数，并绘制出每年各时段发生交通事故次数占比图和变化图，分别如图 3.4 和图 3.5 所示。

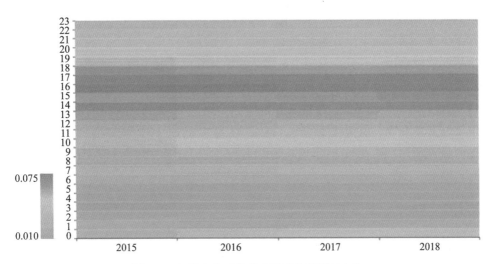

图 3.4 纽约市各时段的交通事故数同年占比

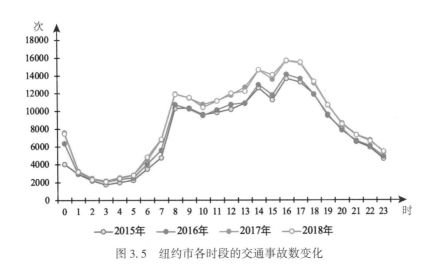

图 3.5 纽约市各时段的交通事故数变化

图 3.4 是纽约市一天中每个小时内发生的交通事故次数在该年一天 24 小时中所占的比例。结果显示各时段发生的交通事故次数在一天中的比例并不随

年份变化而改变,即一天内各个时段发生交通事故的概率与年份没有明显的关系。交通事故在白天发生的概率比在夜晚的大。

从图 3.5 中可以发现,这 4 年的各时段事故数变化趋势整体上是一致的,一天中发生交通事故次数最少的时段是凌晨 3 时至 4 时,发生交通事故次数最多的时段为 16 时至 17 时。如果把一天 24 小时分为凌晨、上午、下午、晚上。则下午是交通事故发生次数最多的时间段,其次是上午、晚上,凌晨发生交通事故的次数最少。一天中交通事故发生次数从 0 时开始下降,到凌晨 4 时下降到最低值,然后开始增加,在上午 9 时增加到峰值,然后开始减少,在上午 11 时减少到一个极小值,接着又开始增加,到 17 时达到一天中的最高值,接下来就慢慢减少。值得注意的是,从 15 时到 17 时这一时间段内,事故数并不是一直在增加,而在 16 时出现反常,从 15 时到 16 时先减少,然后 16 时到 17 时再增加。

3.1.2 空间探索分析

以纽约市 2015—2018 年交通事故发生次数最多的曼哈顿区的 MN17 人口普查区为研究对象,利用平均中心和标准差椭圆进行交通事故空间分布模式分析,再通过 Knox 时空交互检验方法对交通事故是否呈时空聚集分布进行判断,分析出 MN17 区的交通事故具有时空聚集性和显著的时空交互性。

1. 平均中心与标准差椭圆

一组事件点的平均中心是指对所有事件点的空间位置进行算术平均计算,可以根据一组事件点的平均中心发现该组事件点的空间集中位置和随时间偏移的规律(Mitchel A E,2005),通过计算交通事故数据平均中心位置,可以直观地发现交通事故的聚集情况。通过不同时间下平均中心的位置偏移,可以挖掘出交通事故随时间变化的偏移趋势。交通事故数据平均中心的计算公式如下:

$$\overline{X} = \frac{\sum\limits_{i=1}^{n} x_i}{n}; \quad \overline{Y} = \frac{\sum\limits_{i=1}^{n} y_i}{n} \tag{3.1}$$

式中,X、Y 表示交通事故点的平均 X 坐标和平均 Y 坐标;n 为交通事故的总数;(x_i, y_i) 为第 i 个交通事故点的空间坐标。

研究区域 MN17,人口普查区面积为 2.805km²,2015 年至 2018 年共发生

交通事故 18414 起，平均每平方公里发生 6565 起，是曼哈顿区平均水平的
2.23 倍。交通事故的空间分布如图 3.6 所示，红色点为交通事故点，从图中
可以看出交通事故几乎全部分布在道路上。

　　使用平均中心法（MC）和标准差椭圆法（SDE）对 MN17 区的交通事故
的空间分布特征进行整体描述（刘尧，2019）。通过计算，可以得到 MN17 区
2015—2018 年交通事故点的平均中心，如图 3.6 中绿色圆点所示。查阅地图
发现，平均中心位于第六大道和西 44 街交叉口，处于 MN17 区的中心，附近
地标性建筑为纽约竞技场剧院。

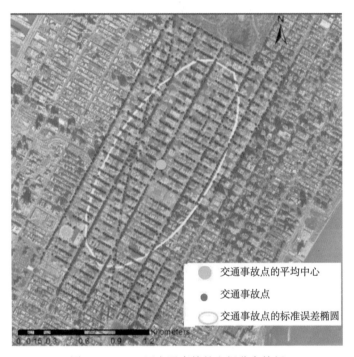

图 3.6　MN17 区交通事故的空间分布特征

　　一组数据点在空间上的聚集性和方向性可以用标准差椭圆（Lefever D W，
1926）来描述。以所有事件点的平均中心为基准，计算所有事件点 x 坐标和 y
坐标的标准差，然后由标准差的大小来确定椭圆的长半轴和短半轴，此时作出
的椭圆就是事件点的标准差椭圆（忻红，2018）。标准差椭圆的计算公式如下
（杨迪，2018）：

$$
\begin{cases}
\theta = \arctan \dfrac{\left(\sum a_i^{\,2} + \sum b_i^{\,2} \right) + \left(\left(\sum a_i^{\,2} - \sum b_i^{\,2} \right)^2 + 4 \left(\sum a_i b_i \right)^2 \right)^{\frac{1}{2}}}{2 \sum a_i b_i} \\[4mm]
\mathrm{SDE}_x = \sqrt{2} \sqrt{\dfrac{\displaystyle\sum_{i=1}^{n} (a_i \cos\theta - b_i \sin\theta)^2}{n}} \\[4mm]
\mathrm{SDE}_y = \sqrt{2} \sqrt{\dfrac{\displaystyle\sum_{i=1}^{n} (a_i \sin\theta + b_i \cos\theta)^2}{n}}
\end{cases}
$$

$$（3.2）$$

式中，θ 表示标准差椭圆长轴与竖直方向的夹角；SDE_x 表示标准差椭圆的长半轴，SDE_y 表示椭圆的短半轴；$a_i = x_i - x$，$b_i = y_i - y$，(x_i, y_i) 为第 i 个交通事故点的空间坐标，(x, y) 为所有事故点的平均中心 x 坐标和 y 坐标，n 为事故点的总个数。

椭圆的长半轴方向代表事件点在空间上的延伸方向，短半轴的长度则体现了事件点的聚集程度，短半轴越短，说明事件点在空间上越聚集。椭圆的扁率越大，即长短半轴的值之比越大，说明事件点越具有明显的方向性；反之，如果椭圆扁率越小，说明事件点越不具有方向性，当椭圆扁率为 1 时，说明事件点在空间上的分布不具有方向性。

为了探究交通事故在空间上分布的方向性和集中程度，使用标准差椭圆对其进行研究。通过计算，可以作出标准差椭圆，如图 3.6 中黄色椭圆所示。通过观察图中标准差椭圆的长半轴方向可以发现，MN17 区的交通事故呈现从西南至东北方向扩散的趋势；通过观察标准差椭圆的短半轴可以发现，交通事故在空间上呈聚集分布。从 MN17 区的自然地理位置及道路交通网络可以发现，交通事故的扩散方向与第五大道、第六大道、第七大道等方向一致，即城市主干道，并且在空间上呈现出聚集分布。

2. Knox 时空交互分析

事件是否呈时空聚集分布通常用 Knox 时空交互检验方法来判断，例如在探究传染病学（刘巧兰，2007）、犯罪学的时空分析研究中，首先计算 N 个事件点中每两个事件点之间的空间距离 T_{ij} 和时间间隔 S_{ij}。然后选取 Knox 时空交互检验的空间距离阈值与时间间隔阈值，分别为 S_t 和 T_t。分别判断 $N \cdot (N-1)/2$ 个空间距离 T_{ij}、时间间隔 S_{ij} 与相应的空间阈值 S_t、时间阈值 T_t 之间的大小，如果 $S_{ij} \leqslant S_t$，则表示事件点 i 和事件点 j 在空间上是邻近的，反之是非邻近的；如果 $T_{ij} \leqslant T_t$，则表示事件点 i 和事件点 j 在时间上是邻近的，反之是非邻近的。通过对每两个事件点的空间邻近性与时间邻近性进行计算，能够统计出该事件的时空邻近性，见表 3.4。

表 3.4 **事件时空邻近性统计表**

	空间邻近	空间非邻近	总数
时间邻近	A_1	A_3	$S_3 = A_1 + A_3$
时间非邻近	A_2	A_4	$S_4 = A_2 + A_4$
总数	$S_1 = A_1 + A_2$	$S_2 = A_3 + A_4$	$A_1 + A_2 + A_3 + A_4$

其中，A_1 代表两个事件点同时在时间和空间上邻近的个数，A_2 表示两个事件点只在空间上邻近的个数，A_3 表示两个事件点只在时间上邻近的个数，A_4 表示两个事件点在空间上和时间上都不邻近的个数。

通常使用卡方检验方法对事件时空邻近性的统计值进行统计显著性检验（岳瀚，2018）。以交通事故不存在时空交互性为零假设，卡方检验将 χ^2 分布作为其基础，通过 χ^2 分布能够计算得到零假设情况下的 p 值，然后根据 p 值的大小判断此零假设是否成立，进而可以得到交通事故的时空分布模式。首先，计算零假设条件下 Knox 指数实际值 A_1、A_2、A_3、A_4 的期望值 E_1、E_2、E_3、E_4，见表 3.5。

表 3.5 **Knox 指数期望值**

	空间邻近	空间非邻近
时间邻近	$E_1 = S_1 \times S_3 / N$	$E_3 = S_2 \times S_3 / N$
时间非邻近	$E_2 = S_1 \times S_4 / N$	$E_4 = S_2 \times S_4 / N$

然后，根据 Knox 指数的实际值和期望值计算卡方值，计算公式如下：

$$\chi^2 = \sum_{i=1}^{4} \frac{(A_i - E_i)^2}{E_i} \tag{3.3}$$

准确地确定时间和空间阈值是 Knox 时空交互检验方法的关键所在，时空阈值的大小会影响对事件进行时空聚集性探究的结果，一般通过引用其他领域相应的研究成果作为空间阈值确定的方法，比如许多研究中对不同事件进行时空交互检验时确定空间阈值为 100m。但是这种方法对某些事件的检验是不合理的，因为不同事件中事件点之间的距离往往是不同的，比如一个人口普查区的交通事故之间的距离相对较小。因此，有学者对不同事件中空间阈值的确定进行了研究。通过计算事件的平均最邻近距离，然后将其作为空间距离阈值。平均最邻近距离法的计算公式如下：

$$\overline{d} = \frac{\sum\limits_{i=1}^{n} \min(d_{ij})}{n} \tag{3.4}$$

式中，d_{ij} 是事件点 i 和事件点 j 之间的空间距离，n 为事件点的个数。

将交通事故点的平均最邻近距离作为空间距离阈值，将事故点之间的时间间隔平均值，即平均时间间隔作为时间间隔阈值，来对其进行 Knox 时空交互检验。通过计算，得到 MN17 区交通事故点的平均最邻近距离为 2.25 m，计算事故点之间的平均时间间隔为 6.63 小时。在此阈值下，通过统计计算，得出 $A_1 = 994861$，$A_2 = 968650$，$A_3 = 924137062$，$A_4 = 918243175$；$E_1 = 993132.04$，$E_2 = 970378.96$，$E_3 = 924138791$，$E_4 = 918241446$。计算得到此阈值下，$\chi^2 = 74.86$，$p = 5.05 \times 10^{-18} < 0.05$。采用置信度为 95% 的统计显著性对结果进行判断，结果表明，MN17 区的交通事故具有时空聚集性和显著的时空交互性，即交通事故在时间上也呈现出聚集模式。

3.2   空间点模式分析

点模式是指地理实体对象或者事件发生地点在空间上的分布模式，通常可以分为以下三种：随机分布、均匀分布和聚集分布（佘冰，2013）。由于点模式关心的是空间点分布的聚集性和分散性问题，所以形成了两类点模式的分析方法：第一类是以聚集性为基础的基于密度的方法，它用点的密度或频率分布的各种特征研究点分布的空间模式，主要有样方分析法和核密度估计方法两种；第二类是以分散性为基础的基于距离的技术，它通过测度最近邻点距离来分析点的空间分布，主要有最近邻距离法，包括最近邻指数（NNI）、G-函数、F-函数、K-函数方法等。

3.2.1   样方分析法

点模式分析常用的方法是样方分析法（QA），样方是指用于分割整个研究区域的规则网格（闫庆武，2009）。首先把研究区域等面积划分为若干个样方，然后统计每个样方内的事件点的总量，用事件点的数量除以样方面积，其比值即为样方内事件点的密度。通过比较样方中点事件的分布密度和理论上分布模式中点事件的分布密度来研究点事件空间分布模式。

识别区域内的事件点分布格局的具体指标是样方内点数方差-均值比，如下式：

$$\begin{cases} \text{VMR} = \dfrac{S}{\overline{X}}, \ \text{VMR} \sim \chi^2(n-1) \\[3mm] S = \sqrt{\dfrac{1}{n-1}\sum_{i=1}^{n}(x_i - \overline{x})^2} \\[3mm] \overline{X} = \dfrac{1}{n}\sum_{i=1}^{n}X_i \end{cases} \tag{3.5}$$

式中，x_i 为第 i 个样方内事件点的个数；n 为研究区域划分的样方的总个数。

通过观察计算出的 VMR 值可以得出事件点在研究区域内的空间分布模式，当 VMR=1 时，即 $S = \overline{X}$，每个样方内事件点的数量一样，表示事件点在研究区域内呈均匀分布；当 VMR>1 时，即 $S > \overline{X}$，每个样方内事件点的数量差异很大，表示事件点在研究区域内呈聚集分布；当 VMR<1 时，即 $S < \overline{X}$，表示事件点在研究区域内呈随机分布。

将 MN17 人口普查区等面积地划分成 241 个规则的矩形网格，如图 3.7 黄色网格所示；然后统计汇总每个样方内交通事故点的个数，并计算样方内交通事故点个数的方差与均值之比，得到样方内道路交通事故点个数的平均值为 76，VMR 为 72.5；将计算得到的频率分布与理论上的随机分布（如泊松分布）相比，VMR>1，由此可以判断 MN17 区内 2015—2018 年交通事故呈聚集分布。

3.2.2 核密度估计法

概率论与数理统计学的一个关键问题是通过已知的数据对原始数据的概率分布密度函数进行估计（Elvik R，1997），估计的方法通常有参数估计法与非参数估计法两大类。参数估计法是指假定已知事件数据的分布具有比如线性、可化线性或指数形态以及其他特定形态等特定的规律，然后对假定的特定模型中的待求参数进行求解。在参数估计中，对已知原始数据的总体分布规律作出的假设会严重影响参数估计的结果。而非参数估计方法仅仅通过已知事件数据

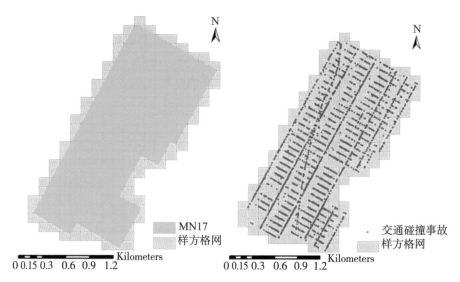

图 3.7　MN17 人口普查区交通事故的空间分布

的分布情况，完全根据事件数据本身的分布规律对事件在整个区域内的分布情况进行估计，因此越来越多地被应用于相关的研究中。

Parzen（1962）和 Rosenblatt（1956）提出的核密度估计法（KDE）是非参数估计方法中一种重要的方法。核密度估计法的核心继承自直方图法，但是其分析精度和连续程度较直方图法更优，因此被广泛应用于犯罪、交通事故以及传染病等公共安全事件的热点分析中。

在核密度估计方法中，通过以某点为中心的一定范围内所包含的数据点来计算该中心点处的密度值，其基本原理如图 3.8 所示。在图 3.8 中，以区域内某一点 S 作为圆心，以宽窗 h 为半径，通过计算搜索半径范围之内的数据点对点 S 处的核密度估计值之和，进而得到点 S 处的核密度值大小。数据点对点 S 处的核密度的估计值大小是根据核函数 K 计算而确定的，事件点 i 对点 S 处的核密度估计值根据核函数的不同而随着其与点 S 之间距离的变化而变化。

点 S 处的核密度估计值的计算公式如下：

$$\hat{\lambda}(S) = \frac{1}{nh^2} \sum_{i=1}^{n} K\left(\frac{d_{iS}}{h}\right) \tag{3.6}$$

式中，$\hat{\lambda}(S)$ 表示点 S 的核密度估计值；d_{iS} 表示点 i 到点 S 的距离；K（·）为核函数，h 为宽窗大小；n 为研究区域内事件点的个数。

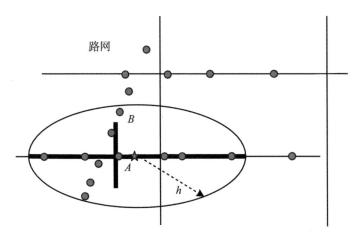

图 3.8　欧氏距离和网络距离的对比

　　点 i 到点 S 的距离表示方法有很多种，在普通的核密度估计方法中使用的是欧氏距离法，但这种距离描述方法在交通事故的核密度估计中却不太适合，因为交通事故通常发生在城市道路上，故研究区域不是整个 MN17 区，而应该具体到 MN17 区的路网中。因此，应该对核密度估计法进行相应的改进。

　　如图 3.8 所示，在路网中，以点 S 为圆心，窗宽 h 为半径形成的圆形区域内的交通事故点均为欧氏距离下所包含的点；而以点 S 为起始点，窗宽 h 为网络距离阈值，所覆盖的道路网络的路段范围如图 3.8 中加粗直线所示，在此加粗线上的交通事故点为网络距离下所包含的点。图中，点 S 在欧氏距离下的核密度估计值受 11 个事故点影响，而在网络距离下受其中 9 个事故点影响。在对交通事故进行核密度估计时，采用网络距离代替欧氏距离能够更真实地体现点 S 处的核密度估计值。

　　采用网络距离的核密度估计首先对路网进行分割，形成长度相等的道路子路段，然后以道路子路段 S 为核中心，窗宽 h 为网络距离阈值，进而得到该子路段的核密度估计值，如图 3.8 所示。需要注意的是，只有在道路子路段 S 的网络距离阈值 h 范围内的事件点才会对道路子路段 S 处的密度估计值有影响。因此，路网中子路段 S 的网络核密度估计值计算公式如下（陈金林，2015）：

$$\hat{\lambda}(S) = \frac{1}{nh} \sum_{i=1}^{n} K\left(\frac{d_{iS}}{h}\right) \tag{3.7}$$

式中，$\hat{\lambda}(S)$ 表示该子路段的网络核密度估计值；d_{iS} 表示事件点 i 与子路段 S

中心点的网络距离；$K(\cdot)$ 为核函数；h 为宽窗大小，n 为研究区域内事件点的总个数。

　　由 Knox 时空交互检验的分析结果可知，交通事故在空间和时间上的分布都是聚集的，而网络核密度估计只考虑空间维度，没有涉及时间维度，因此，为找出交通事故在时间上的差异，需要对网络核密度估计进行时间维度的扩展。如图 3.9 所示，AB 为路网中的一个子路段，对 AB 进行时间的拓展就可以构造出时空子路段（Romano B，et al，2017）。

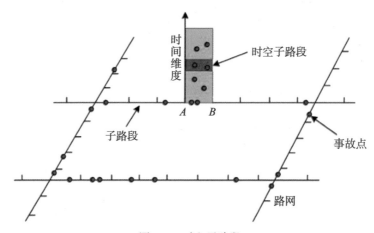

图 3.9　时空子路段

　　时空网络核密度估计法，是以时空子路段为核中心，以空间宽窗 h_S 为网络距离阈值，以时间宽窗 h_t 为时间间隔阈值，进而计算在时空网络距离阈值范围内的事件点对时空子路段的核密度估计值的贡献（王颖志等，2019）。时空子路段 (S, t) 的核密度估计值计算公式如下：

$$\hat{\lambda}(S, t) = \frac{1}{nh_S h_t} \sum_{i=1}^{n} K\left(\frac{d_{iS}}{h_S}\right) \cdot K\left(\frac{t_{iS}}{h_t}\right)$$　　　　（3.8）

式中，$\hat{\lambda}(S, t)$ 为时空子路段 (S, t) 的核密度估计值；d_{iS} 为事件点 i 到该时空子路段中心点的网络空间距离；t_{iS} 为事件点到该时空子路段的时间间隔；h_S 为空间宽窗大小，h_t 为时间宽窗大小；n 为交通事故点的个数。

　　在所构建的加权时空网络核密度估计模型的基础上，对 MN17 区交通事故点进行识别。具体步骤如下：

　　（1）将路网分割成时空子路段

将经过处理的 MN17 区的城市道路网络划分成等距离的线性子路段，如图 3.10 所示，图中实线为路网，白色点为分割路网的点。划分的线性子路段长度通常为最佳空间窗宽的 1/10，最佳窗宽计算公式为：

$$h_{\text{opt}} = 1.06\sigma n^{-\frac{1}{5}} \qquad\qquad (3.9)$$

其中的 σ 以交通事故数据空间距离和时间间隔的标准差来替代。

图 3.10　路网分割后的子路段

通过计算，可以得到最佳空间窗宽 h_s 为 117.2m，线性子路段的长度为 11.72m。分割后可能存在不足 11.72m 的路段，也将其视为完整的线性子路段进行保留。通过划分，可以得到 4821 条线性子路段。同理，通过计算得到最佳时间窗宽 h_t 为 0.78h，取其 1/10 作为时空子路段的时间间隔，但是当时空子路段的时间间隔小于 1h 时，计算量会成倍地增加，而且对实际的参考价值不大。因此，将最佳时间窗宽 h_t 定成 3h，时空子路段的时间间隔定成 1h，因此可以得到 4821×24 条时空子路段。

（2）找出子路段在宽窗范围内的所有事故点

分割好时空子路段之后，找出时空子路段时空宽窗范围内所有的交通事故点并存储，存储的属性见表 3.7。

表 3.7   **时空子路段 R_0 宽窗范围内事故点属性**

时空子路段 ID	事故点 ID	网络距离（m）	时间间隔（h）	严重程度
0	1	d_{s01}	d_{t01}	S_1
0	2	d_{s02}	d_{t02}	S_2
0	3	d_{s03}	d_{t03}	S_3
…	…	…	…	…
0	n	d_{s0n}	d_{t0n}	S_n

（3）计算时空子路段节点的核密度估计值

得到每个时空子路段时空宽窗范围内所对应的所有事故点之后，计算每个时空子路段所对应的加权时空网络核密度值，其算法伪代码如算法 3.1 所示。

算法 3.1   加权时空网络核密度估计算法伪代码

输入：子路段-事故点表 RP，时间窗宽 h_t，空间窗宽 h_S

输出：时空子路段核密度估计值 K_r

WightDensity（RP，h_t，h_S）

1   for S in 子路段集 R   do

2   for i in 事故点集 P do

3   if $d_{iS} < h_S$ and $t_{iS} < h_t$ then

4          $k_S = \dfrac{1}{\sqrt{2\pi}} e^{\left(-\frac{1}{2}\left(\frac{d_{iS}}{h_S}\right)^2\right)}$

5          $k_t = \dfrac{1}{\sqrt{2\pi}} e^{\left(-\frac{1}{2}\left(\frac{t_{iS}}{h_t}\right)^2\right)}$

6   K+= （$S_i \cdot k_s \cdot k_t$）

7   end

8   end

9   K_r. append （K）

10   end

计算 2015 年至 2018 年 MN17 区各时空子路段的加权核密度估计值，即各
子路段在一天中的 24 个时段的加权核密度估计值，对计算结果进行可视化，
如图 3.11 所示。

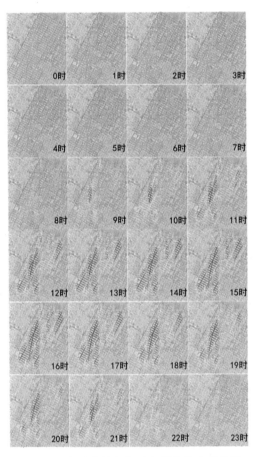

图 3.11 交通事故加权时空网络核密度估计

各个时空子路段的加权网络核密度估计值如图 3.12 所示。然后，选用合
适的统计方法对核密度估计结果进行进一步的处理，进而识别出纽约市 MN17
区的交通事故黑点。

从图 3.13 中可以看出，80% 的核密度估计值小于最大值的二分之一，仅
有少部分的核密度估计值比较高。为定量地识别出交通事故黑点（频发和严
重程度较高）路段，需要在上述分析结果的基础上采用科学可行的方法对交

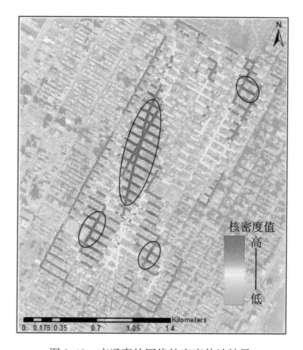

图 3.12 交通事故网络核密度估计结果

通事故黑点进行识别。

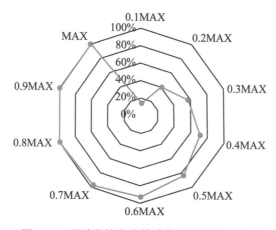

图 3.13 子路段核密度估计值累计频率雷达图

3.3 空间插值分析

空间插值是用已知点的数值来估算其他点数值的过程（翁敏，2019）。通过已知的空间数据，找到一个函数关系式，使关系式最逼近这些已知的空间数据，并能够根据该函数关系式，推求出区域范围内其他任意点或多边形分区范围的值。

空间插值主要分为确定性插值和克里金插值。确定性插值是基于未知点周围点的值和特定的数学公式，产生平滑的曲面。克里金插值是基于自相关性（测量点的统计关系），根据测量数据的统计特征产生曲面。

确定性插值分为整体插值和局部插值。整体插值是用研究区所有采样点数据进行全区特征拟合。在整个区域用一个数学函数表达地形曲面，采用全部控制点计算未知点数据。整个区域的数据都会影响单个插值点，单个数据点变量值的增加、减少或者删除，对整个区域都有影响（崔清松，2010）。局部插值则只使用邻近的数据点（样本控制点）来估计未知点的值，将复杂的地形地貌分解成一系列的局部单元（李海涛，2019）。在这些局部单元内部地形曲面具有单一的结构，由于范围的缩小和曲面形态的简化，用简单曲面即可描述地形曲面。

本节以纽约市为研究对象，进行空间插值分析，研究道路交通事故的影响因子和分布情况，图 3.14（a）为纽约市路网图，（b）为 2020 年交通事故的分布情况。

3.3.1 密度分析

衡量城市区域道路交通安全水平的一个指标是单位面积内发生的交通事故的数量，因此可以对交通事故数据进行密度分析。密度分析是指根据输入的要素数据集计算整个区域的数据集状况，产生一个连续的密度表面（陆化普，2019）。

选取点密度分析和核密度分析两种方法对纽约交通事故数据进行密度分析。点密度分析考虑了空间相关性，用于计算每个输出栅格像元周围的点要素的密度（汤国安，2012）。每个栅格像元中心的周围都定义了一个邻域，将邻域内点的数量相加，然后除以邻域面积，即得到点要素的密度。核密度分析使用核函数，再根据点要素计算每单位面积的量值，以将各个点拟合为光滑锥状表面（王劲峰，2019）。核密度分析完全利用数据本身信息，避免人为主观带

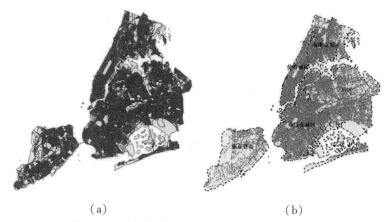

（a）　　　　　　　　　　　　　　　　（b）

图 3.14　纽约市路网和 2020 年交通事故分布情况

入的先验知识，从而能够对样本数据进行最大限度的近似。

　　为便于比较，对密度数据进行归一化处理，采用"几何间隔"分类方案对所得密度值进行分类。该算法创建几何间隔的原理是：使每个类的元素数的平方和最小，确保每个类范围与每个类所拥有的值的数量大致相同，且间隔之间的变化一致。图 3.15 为纽约市交通事故的密度分布图，分别采用了点密度分析（图（a））和核密度分析（图（b））的方法，颜色越深的区域代表事故密度越大。

　　相比点密度分析，核密度分析不但进行了邻域分析，并且还给邻域分析增加了权重分析，结果在空间自相关性上表达得更精细。与行政区划对比可知，纽约市的中高事故密度区域主要集中在布朗克斯区、曼哈顿区和布鲁克林区的城市中心地带。可以看出，由于较为发达的城区车流量较多，交通线路密集，因此发生事故的概率相对更大。

　　上述分析主要是进行了事故发生频度的比较。而事故频度只是衡量交通事故的一个指标，另一个指标是事故本身的严重程度。一场偶尔发生的特别严重交通事故的区域往往比多次发生的轻微交通事故的区域更值得重视。将事故造成的伤亡情况加权，得到密度分析结果，如图 3.16 所示，其中图（a）为点密度分析结果，图（b）为核心密度分析结果。

　　从图 3.16 中可以看出，相比没有加权的密度分析图，一些之前是低密度的区域明显升高到了中密度，而之前是高密度区域的范围则有一定的缩小。说明虽然交通量较低的区域，例如郊区，发生的交通事故起数较少，但由于郊区车速快，一旦发生交通事故，造成的人员伤亡情况会更加严重。

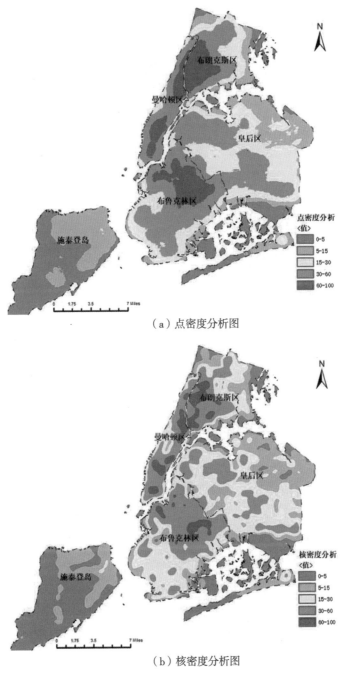

（a）点密度分析图

（b）核密度分析图

图3.15 纽约市交通事故密度分布图

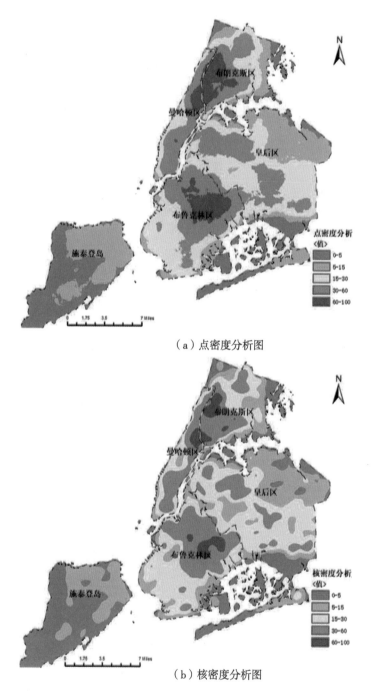

（a）点密度分析图

（b）核密度分析图

图 3.16 交通事故严重程度的密度图

3.3.2　趋势面分析

趋势面分析是根据采样点的属性数据与地理坐标的关系，进行多元回归分析得到平滑数学平面方程的方法（翁敏，2019）。它通过回归分析原理，运用最小二乘法拟合一个二维非线性函数，模拟地理要素在空间上的分布规律，展示地理要素在地域空间上的变化趋势。趋势面分析只考虑空间因素，利用数学曲面模拟地理要素在空间上的分布及变化，适于模拟大范围空间分布，检测总趋势和与趋势的最大偏离。

实际的地理曲面可以分解为趋势面和剩余面两部分，前者反映了地理要素的宏观分布规律，属于确定性因素作用的结果；而后者则对应于微观区域，被认为是随机因素影响的结果（刘爱利，2012）。而趋势面分析的一个基本要求就是，所选择的趋势面模型应该是剩余值最小，趋势值最大，这样拟合的精确度才能满足要求。

在数学上，拟合数学曲面要注意两个问题：一是数学曲面类型（数学表达式）的确定，二是拟合精度的确定。用来计算趋势面的数学方程式有多项式函数和傅里叶级数，其中最常用的是多项式函数。因为任何一个函数都可以在一个适当的范围内用多项式来逼近，而且调整多项式的次数，可使所求的回归方程满足实际问题的需要。

例如，对纽约市的交通事故数据进行趋势面分析。在对纽约区域进行格网划分之后，统计落入每个格网区域的交通事故数。得到记录了交通事故起数的格网图后，利用 ArcGIS 软件提供的"趋势分析"工具生成数据的三维透视图，如图 3.17 所示，然后可以根据"趋势分析"工具的散点图选定拟合多项式的阶次。

随后，根据格网数据提取格网点，进行趋势面分析，如图 3.18 所示，图（a）为按照交通事故发生次数进行的趋势面分析，图（b）为按照交通事故的死亡人数进行的趋势面分析。可以看出，纽约中部地区发生交通事故的趋势更明显，这可能是因为经济发达的区域人口和车辆的密度大，人们的出行需求高，更加容易发生交通事故。而不发达的区域人口密度小，路网密度较小，车道广、车速快，不容易发生事故，但一旦发生事故，更容易产生人员伤亡。

当然，趋势面分析也存在一定的缺陷，它的整体内插函数保凸性较差，采样点的增减或移动都需要对多项式的系数作全面调整，从而采样点之间会出现难以控制的振荡现象，致使函数极不稳定，从而导致保凸性较差，不能提供内插区域的局部地形特征。

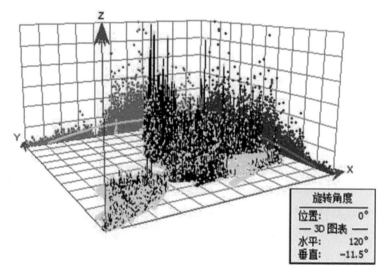

图 3.17 趋势分析三维透视图

3.3.3 克里金插值

克里金插值是利用区域化变量的原始数据和变异函数的结构特点,对未采样点的区域化变量的取值进行线性无偏最优估计的一种方法(冯锦霞,2007)。相对于普通变量,区域化变量具有随机性、结构性、空间局限性、不同程度的连续性和不同类型的各向异性的特点。

变异函数描述的是区域化变量空间变化特征和强度,被定义为区域化变量增量平方的数学期望。变异函数有自己的自变量、因变量和函数表达式(刘爱利,2012),其因变量为步长(h),自变量为变异值,计算公式为:

$$\gamma(x,\ h) = \frac{1}{2n} \sum_{i=1}^{n} \left[z(x_i) - z(x_i + h) \right]^2 \qquad (3.10)$$

在数据网格化的过程中,克里金插值考虑了描述对象的空间相关性质,使插值结果更科学、更接近于实际情况。同时,克里金插值能给出插值的误差(克里金方差),使插值的可靠程度一目了然。克里金插值的公式(翁敏,2019)如下:

$$z^*(x_0) = \sum_{i=1}^{n} \lambda_i z(x_i) \qquad (3.11)$$

式中,$z^*(x_0)$ 是点 $(x_0,\ y_0)$ 处的估计值;λ_i 是权重系数。它同样是用空间上所有已知点的数据加权求和来估计未知点的值。但权重系数并非距离的倒数,而是能够满足点 $(x_0,\ y_0)$ 处的估计值与真实值的差最小的一套最优系数。

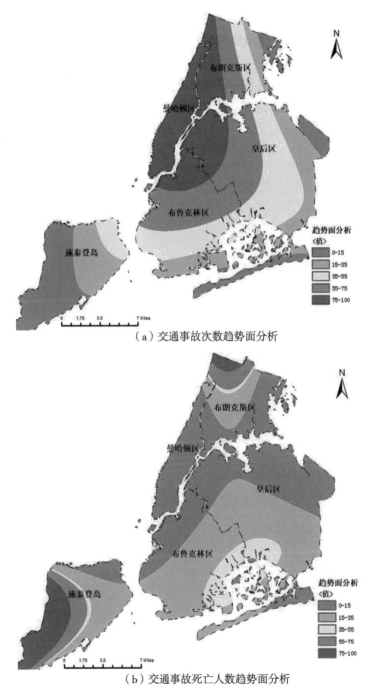

（a）交通事故次数趋势面分析

（b）交通事故死亡人数趋势面分析

图 3.18 纽约市交通事故次数和死亡人数趋势面分析

　　克里金插值可以分为 6 种类型：普通克里金插值满足本征假设，区域化变量的平均值是未知的常数；简单克里金插值满足二阶平稳假设，变量的平均值是已知的常数；泛克里金插值的变量的数学期望是未知的变化值，即样本非平稳；对数正态克里金插值则是在数据不服从正态分布时使用；指示克里金插值有真实的特异值，在需估计风险、概率分布时使用；协同克里金插值适合于相互关联的多元区域化变量（王艳妮，2008）。

　　例如，对纽约市的交通事故数据进行克里金插值分析。采用普通克里金插值的方法进行分析，首先创建半变异函数，半变异函数有球面函数、指数函数、高斯函数、线性函数等多种类型，所选模型会影响未知值的预测，尤其是当接近原点的曲线形状明显不同时，接近原点处的曲线越陡，最接近的相邻元素对预测的影响就越大，每个模型都用于更准确地拟合不同种类的现象。采用指数函数作为半变异函数，如图 3.19 所示，图（a）为指数函数拟合情况，图（b）为半变异图。

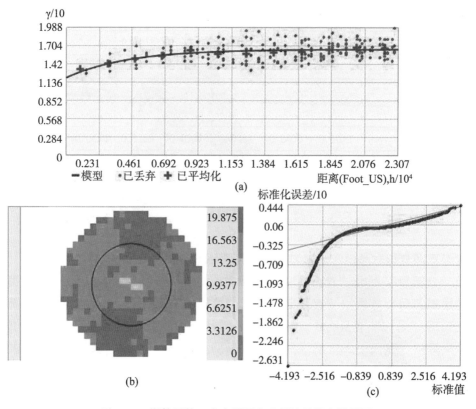

图 3.19　指数函数、半变异图和内部检核精度结果图

　　创建经验半变异函数之后，根据点拟合模型，形成经验半变异函数。半变异函数建模和在回归分析中拟合最小二乘直线相似。拟合后变异函数的用途是确定局部内插需要的参数。用变异函数测定空间相关要素，如果不存在空间相关，那么变程很小；相反，较远距离的已知点之间的变异函数较大。图3.19（c）为内部检核精度结果。

　　最终得到的普通克里金插值结果如图3.20所示。可以看出，交通事故多发生在布朗克斯区、曼哈顿区和布鲁克林区的城市中心地带。从普通克里金插值结果中还能清晰地看出交通事故是沿城市的主要道路分布的。因此，对交通事故频发的路段，可以考虑通过添加道路辅路、合理设置交通信号灯等措施以改善交通状况。

图3.20　普通克里金插值结果图

3.4　空间格局分析

3.4.1　空间自相关分析

空间自相关反映的是一个区域单元上的某种地理现象或某一属性值与邻近区域单元上同一现象或属性值的相关程度，是一种检测与量化从多个区域单元取样值变异的空间依赖性的空间统计方法（刘爱利，2012）。空间自相关理论认为彼此之间距离越近的事物越相像。当某一测样点的属性值高，而其相邻点同一属性值也高，称为正相关；反之称为负相关（刘渤海，2019）。当空间自相关仅与两点间距离有关，称为各向同性；当考虑方向的影响时，可能在不同方向上属性值与距离的关系不同时，称为各向异性。

空间自相关性使用全局和局部两种指标。全局指标用于探测整个研究区域的空间模式，使用单一的值来反映该区域的自相关程度。局部指标计算每一个空间单元与邻近单元就某一属性的相关程度。莫兰指数（Moran's I）和 Geary 系数就是两个用来度量空间自相关的全局指标。莫兰指数反映的是空间邻接或空间邻近的区域单元属性值的相似程度，Geary 系数与莫兰指数存在负相关关系。

对于位置的观测值，该变量的全局莫兰指数 I，用如下公式计算（温惠英，2008）：

$$I = \frac{n \sum\limits_{i=1}^{n} \sum\limits_{j=1}^{n} w_{ij}(x_i - \bar{x})(x_j - \bar{x})}{\sum\limits_{i=1}^{n} \sum\limits_{j=1}^{n} w_{ij} \sum\limits_{i=1}^{n} (x_i - \bar{x})^2} = \frac{\sum\limits_{i=1}^{n} \sum\limits_{j \neq i}^{n} w_{ij}(x_i - \bar{x})(x_j - \bar{x})}{S^2 \sum\limits_{i=1}^{n} \sum\limits_{j \neq i}^{n} w_{ij}} \tag{3.12}$$

空间关联局部莫兰指数计算公式如下：

$$\begin{cases} I_i = \dfrac{x_i - \bar{X}}{S_i^2} \sum\limits_{j=1, j \neq i}^{n} w_{i,j}(x_j - \bar{X}) \\[4mm] S_i^2 = \dfrac{\sum\limits_{j=1, j \neq i}^{n} (x_j - \bar{X})^2}{n - 1} \end{cases} \tag{3.13}$$

式中，n 为数据总个数，x_i 是第 i 采样的加权值，$\bar{X}$ 是加权时空网络核密度估计值的平均值，$w_{i,j}$ 是采样 i 与采样 j 之间的空间权重。

统计量 Z 的得分计算公式如下：

$$
\begin{cases}
Z_{I_i} = \dfrac{I_i - E(I_i)}{\sqrt{V(I_i)}} \\
V(I_i) = E(I_i^2) - E(I_i)^2 \\
E(I_i) = -\dfrac{\sum\limits_{j=1,\,j\neq i}^{n} w_{i,j}}{n-1}
\end{cases}
\tag{3.14}
$$

当 I_i 的取值为正值时，说明具有同样高或同样低的加权邻近采样；当 I_i 的取值为负值时，说明不具有同样高或同样低的加权邻近时空采样。

莫兰指数 I 用标准化统计量 Z 来检验 n 个区域是否存在空间自相关关系，当 Z 值为正且显著时，表明存在正的空间自相关；当 Z 值为负且显著时，表明存在负的空间自相关，相似的观测值趋于分散分布；当 Z 值为零时，观测值呈独立随机分布。

以纽约市 2020 年交通事故的数据为例，其作为国际化大都市，不仅拥有地铁、汽车客运站、火车站、飞机场等一批重要的交通枢纽，而且其境内道路网络纵横交错，交通情况较为复杂。对交通事故数据进行全局指标的空间自回归，得到莫兰指数和 Geary 系数的计算结果见表 3.7。交通事故发生率的莫兰指数 I 为 0.28，G 观测值为 0.001126，表明交通事故发生率具有强烈的空间相关性、聚集性，即某地的交通事故与该地区的位置有关。Z 得分约为 158，表明是标准差的 158 倍，结果分布在正态分布的两端，结合莫兰指数为正，可以得出结果分布在正态分布的右端，为聚集型。

表 3.7　　　　　　　　　交通事故的空间自相关计算结果

	莫兰指数		Geary 系数	
	莫兰指数 I	Z 得分	G 观测值	Z 得分
事故发生率	0.289256	158.748566	0.001126	164.434858
事故死亡率	0.168752	02.632277	0.000001	93.680049

计算结果表明，交通事故发生率、死亡率具有强烈的空间相关性、聚集性，在具有较多车道数和较大宽度的城市主干道上，交通流量较大；同时，较大的交通流量又很容易导致拥堵状态，从而更容易引发交通事故。而支路、郊区路段车流量少，发生的交通事故数相对较少。但由于车速快，一旦出现交通

事故，更容易导致伤亡事件发生。

　　局部莫兰指数的空间自回归计算结果如图 3.21 所示。从局部相关的角度来看，高值（HH）聚类、低值（LL）聚类的点明显多于 HL、LH 的点，即表示"低-低"型和"高-高"型聚集的区域较"高-低"型、"低-高"型的区域更多。结果说明，发生交通事故数较低（高）的区域在空间上更易聚集。从差异的角度来看，若"低-低"型和"高-高"型区县数量多，即说明此时的空间差异较小。

局部莫兰指数
·　不显著
·　高-高聚类
·　高-低聚类
·　低-高聚类
·　低-低聚类

图 3.21　局部莫兰指数

3.4.2　地理探测器

　　地理探测器由一套探测空间分布异质性并揭示其背后驱动力的统计学方法组成（王劲峰，2010）。其基本假设为：如果某个自变量对某个因变量有重要影响，那么自变量和因变量的空间分布应该具有相似性。其理论核心是通过计算空间异质性来探测因变量与自变量之间空间分布格局的一致性，并由此来衡量自变量对因变量的解释度。常用的地理探测手段包括：莫兰指数、地理加权回归、空间扫描统计、空间贝叶斯模型等。基本流程是将研究空间赋予矢量边界，如格网划分、行政边界划分、泰森多边形划分等，每个矢量多边形都具有一系列的属性值，研究导致因变量的主要驱动要素（吕晨，2017）。

地理探测器有 3 个方面的用途：①度量给定数据的空间分异性；②寻找变量最大的空间分异；③寻找因变量的解释变量。例如：目前地理探测器已用于探究人口格局演化规律（尹上岗，2018）、租金空间分布（廖颖，2016）、环境适宜度评价（杨丰硕，2018）、经济差异影响（Li M，2019）等领域。

利用地理探测器进行交通事故分析，主要包括空间网格划分、因子探测、交互作用探测、生态探测等步骤。

1. 空间网格划分

具有高分辨率的规则网格优于主观定义的区域，根据编码系统下的经度和纬度，将研究区域分为棋盘格结构（Li J，2018）。建立了一个时空多维数据集模型，不同的网格具有不同的属性。该模型用于执行时间管理，回溯、发现时空热点，进行空间统计和地理信息数据的叠加计算。

时空多维数据集模型是一种三维地理可视化分析技术，它将时空数据映射到多维数据集中，对于发现时空模式非常有用。覆盖相同的空间位置，分布在不同时间步长范围内的条形图具有相同的位置 ID，并形成条形图时间序列。在相同的时间范围内，分布在不同空间位置的条形图共享相同的时间 ID，并形成一个时间片。基于此模型，描述来自三个异构信息面、语义、空间和时间/图层的数据，以通过时空快照获取任何属性下的层切片。该模型的优点是可共享，存储和查询便捷，这有助于空间数据挖掘（朱婷婷，2020）。

经过实验对比，将纽约市曼哈顿区的外包矩形划分为 500m×500m 的空间格网，进行裁剪等操作后，研究区域共有 233 个空间格网。对每一个格网赋予一定的属性，从一定的维度上描述不同要素的空间分布状态的，每一个格网都视为一个独立的元胞，进行格网内计算与格网间相关联性对比。

为评估纽约市曼哈顿区的交通事故风险，选取路网密度、交通设施点密度、学校密度、医院密度、应急设施密度、文化设施密度作为影响因素，进行分析，如图 3.22 所示。地理探测器在进行计算时，需要将数据离散化，进行分级。不同的数据分级可能对实验结果产生不同的影响。经过反复测试，将所有的评估指标进行等距划分，划分为 10 个级别。评估方法采用常用的核密度估计。

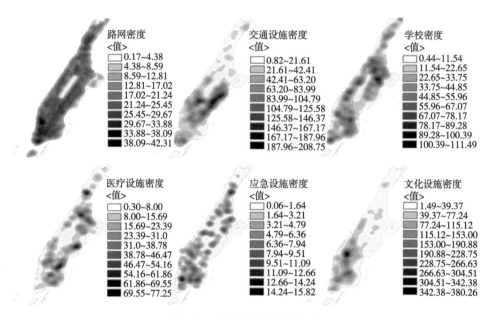

路网密度
<值>
☐ 0.17~4.38
　 4.38~8.59
　 8.59~12.81
　 12.81~17.02
　 17.02~21.24
　 21.24~25.45
　 25.45~29.67
　 29.67~33.88
　 33.88~38.09
■ 38.09~42.31

交通设施密度
<值>
☐ 0.82~21.61
　 21.61~42.41
　 42.41~63.20
　 63.20~83.99
　 83.99~104.79
　 104.79~125.58
　 125.58~146.37
　 146.37~167.17
　 167.17~187.96
■ 187.96~208.75

学校密度
<值>
☐ 0.44~11.54
　 11.54~22.65
　 22.65~33.75
　 33.75~44.85
　 44.85~55.96
　 55.96~67.07
　 67.07~78.17
　 78.17~89.28
　 89.28~100.39
■ 100.39~111.49

医疗设施密度
<值>
☐ 0.30~8.00
　 8.00~15.69
　 15.69~23.39
　 23.39~31.0
　 31.0~38.78
　 38.78~46.47
　 46.47~54.16
　 54.16~61.86
　 61.86~69.55
■ 69.55~77.25

应急设施密度
<值>
☐ 0.06~1.64
　 1.64~3.21
　 3.21~4.79
　 4.79~6.36
　 6.36~7.94
　 7.94~9.51
　 9.51~11.09
　 11.09~12.66
　 12.66~14.24
■ 14.24~15.82

文化设施密度
<值>
☐ 1.49~39.37
　 39.37~77.24
　 77.24~115.12
　 115.12~153.00
　 153.00~190.88
　 190.88~228.75
　 228.75~266.63
　 266.63~304.51
　 304.51~342.38
■ 342.38~380.26

图 3.22　各风险因子密度分布

2. 因子探测

地理学中有一个广泛认同的基本假设，即空间要素之间的距离越近，相关性越强；距离越远，相关性越弱。要素之间的地理隔离会导致空间异质性。地理探测器的目的就是为了衡量存在的空间异质性，并用统计参数 q 来表示（王劲峰，2010）。统计指标参数 q 计算公式如下：

$$q = 1 - \frac{\sum_{h=1}^{L} N_h \sigma_h^2}{N\sigma^2} = 1 - \frac{\text{SSW}}{\text{SST}} \tag{3.15}$$

式中，q 的取值范围为 $[0, 1]$；$\text{SSW} = \sum_{h=1}^{L} N_h \sigma_h^2$ 代表要素图层的方差和；$\text{SST} = N\sigma^2$ 代表全区总方差，值越大，代表空间异质性越强。要素图层自变量对因变量的影响越大，则 q 值越大。当 $q = -1$ 时表示自变量对因变量没有任何影响；当 $q = 1$ 时，表示自变量是因变量的唯一决定要素。

q 可以通过一个简单变换来服从 F 非中心分布，来检验参数的显著性。

$$\begin{cases} F = \dfrac{N-L}{L-1} \dfrac{q}{1-q} \sim F(L-1,\ N-L;\ \lambda) \\ \lambda = \dfrac{1}{\sigma^2}\Big[\ \sum_{h=1}^{L} \overline{Y}_h^2 - \dfrac{1}{N}\Big(\sum_{h=1}^{L} \sqrt{N_h}\,\overline{Y}_2 \Big)^2 \Big] \end{cases} \tag{3.16}$$

式中，非中心参数为 λ；$\overline{Y}$ 为要素 h 的算术平均值。

　　表3.8是纽约市曼哈顿区的交通事故风险单一因子探测的结果，可以发现，路网密度是决定交通事故发生数量的最主要因素，其次为交通设施密度。交通设施包括公交车站点、停车场等。而文化设施、应急设施的密度对交通事故的发生影响较小。

表3.8　　　　　　　　　　　　交通事故的风险因子探测结果

	路网密度	交通设施密度	学校密度	医疗设施密度	应急设施密度	文化设施密度
q 统计值	0.999999	0.999986	0.999986	0.991064	0.962783	0.996065
P 值	0	0	0	0	0.000	0

3. 交互作用探测

　　识别不同要素图层之间的相互作用，对不同的图层要素进行交互，探测交互作用下对因变量更好的解释拟合作用，不同要素之间的交互作用会出现表3.9中的情况。

表3.9　　　　　　　　　　　　不同要素之间的交互作用

空间要素拓扑关系	关系类
$q(X_1 \cap X_2) < \mathrm{Min}(q(X_1),\ q(X_2))$	非线性减弱
$\mathrm{Min}(q(X_1),\ q(X_2)) < q(X_1 \cap X_2) < \mathrm{Max}(q(X_1),\ q(X_2))$	单因子非线性减弱
$q(X_1 \cap X_2) > \mathrm{Max}(q(X_1),\ q(X_2))$	双因子增强
$q(X_1 \cap X_2) = q(X_1) + q(X_2)$	独立
$q(X_1 \cap X_2) > q(X_1) + q(X_2)$	非线性增强

　　对纽约市曼哈顿区的交通事故风险的不同要素进行交互探测，得到的是两

两变量交互作用后的 q 值,见表 3.10,任何两种变量对事故发生的交互作用都要大于第一种变量的独自作用。

表 3.10　　　　　　　　　　　交通事故的因子交互探测结果

	路网密度	交通设施密度	学校密度	医疗设施密度	应急设施密度	文化设施密度
路网密度	0.999999					
交通设施密度	1	0.999986				
学校密度	1	0.999987	0.999986			
医疗设施密度		1	1	0.991064		
应急设施密度	1	0.999986	0.999986	0.992051	0.962783	
文化设施密度	1	0.999986	0.999986	0.996732	0.996082	0.996065

4. 生态探测

地理探测器的生态探测用于比较不同的要素图层对因变量空间分布的影响是否存在显著性差异,以统计量 F 表示程度:

$$\begin{cases} F = \dfrac{N_{X1}(N_{X2}-1)\mathrm{SSW}_{X1}}{N_{X2}(N_{X1}-1)\mathrm{SSW}_{X2}} \\ \mathrm{SSW}_{X1} = \sum_{h=1}^{L_1} N_h \sigma_h^2, \ \mathrm{SSW}_{X2} = \sum_{h=1}^{L_2} N_h \sigma_h^2 \end{cases} \tag{3.17}$$

其中,N_{X1} 与 N_{X2} 代表样本采样量;SSW 代表不同要素图层的方差和;L_1 与 L_2 表示要素图层的离散化分级数。如果在显著水平下拒绝零假设,则表示两个要素对因变量的影响存在显著差异。

对纽约市曼哈顿区的交通事故风险进行生态探测计算,采用置信度为 0.05 的 F 检验,"Y"表示存在统计性差异,"N"表示不存在统计性差异。可以发现,文化设施与医疗设施、应急设施存在统计性差异,而其他两两因素之间均不存在统计性差异。尤其对于路网密度而言,路网连接着各类设施,与日常生活行动密切相关,对事故产生有着重要的影响作用。交通事故的生态探测结果见表 3.11。

表 3.11   **交通事故的生态探测结果**

	路网密度	交通设施密度	学校密度	医疗设施密度	应急设施密度	文化设施密度
路网密度						
交通设施密度	N					
学校密度	N	N				
医疗设施密度	N	N	N			
应急设施密度	N	N	N	N		
文化设施密度	N	N	N	Y	Y	

3.5 空间决策分析

空间决策是一个涉及多目标和多约束条件的复杂过程，通常不能简单地通过描述性知识进行解决，往往需要综合使用各种信息、领域专家知识和有效的交流手段，如土地利用规划、项目选址、城市交通调度、灾害应急反应调度等（刘纪平等，2014）。空间决策分析是为了达到某一目标，对包含地理环境要素在内的决策问题相关因素进行分析评价和构建方案，并从多个方案中优选或综合（华一新，2015）。下面针对纽约市交通事故事件，评价纽约市的应急服务能力，并结合多准则决策分析，综合考虑布局优化选址的主要因素，对纽约市急救站点空间布局进行优化讨论。

3.5.1 应急服务能力分析

随着人们对资源分配公平性的重视，公共服务设施的空间布局均衡性成为评价的重要指标。健全的应急体系是社会建设的重要内容，能客观体现一个城市公共管理水平，同时，也是构建和谐社会的重要基础。由于城市路网越来越密集，城市道路上的车辆数量越来越多，种类也越来越多，各类交通事故频发，完善的急救应急体系显得尤为重要。图 3.23 所示为纽约的各类急救站点分布情况，包括消防站、医院和警局三类急救站点。为探究急救站点对于交通事故的应急负荷状况，以纽约市为研究对象，利用泰森多边形的方法讨论各类急救站点的负荷状况，评价其均衡性，分析纽约市应急服务能力。

泰森多边形又称 Voronoi 图，最初是荷兰气候学家 A. H. Thissen 提出的一

图 3.23　纽约市急救站点分布情况

种根据离散分布的气象站的降雨量来计算平均降雨量的方法，由一组连接两相邻点线段的垂直平分线组成的连续多边形组成，是对空间平面进行剖分的一种结果（叶三星，2013）。泰森多边形内仅含一个目标样点，且多边形内的任何位置离该多边形的目标样点距离最近。泰森多边形可以用于邻接、接近度、可达性等空间分析，也可用于最近点、最小封闭圆等问题的解决（李月连等，2020）。

以急救站点为输入作泰森多边形，则生成的多边形成为该急救站点的最近服务区。并以每个急救站点作为一个独立输入个体，分析其对于交通事故的负荷状况。统计交通事故落入每个站点的服务区数目，对应该站点的负荷状况（翁敏，2019）。通过分层设色的方法显示不同站点最近服务区的负载均衡情况，从而判断差异是否过大，是否分布均匀。依据上述步骤，对纽约市的急救站点进行空间分析，得到图 3.24、图 3.25、图 3.26 的结果，下面针对每一类急救站点的负荷状况进行分析。

图 3.24 为纽约市警局对于交通事故的负荷状况。结合纽约市行政区划可以看出，负荷大的警局主要集中在布鲁克林的东南部和皇后区的南部，其中包括负荷最为严重的两个警局，一年承担的交通事故数量均超过了 2000 件。曼哈顿的警局分布最为密集，警局数量最多，因此尽管当地的交通事故发生次数

多，但是每个警局的负荷不大。布朗克斯区的警局负荷较大。总而言之，高负荷警局主要集中在布鲁克林区、皇后区和布朗克斯区，其余地区情况较为良好。

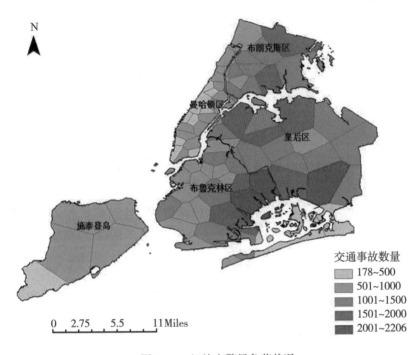

图 3.24　纽约市警局负荷状况

　　图 3.25 为纽约市医院对于交通事故的负荷状况。总体来看，皇后区医院的负荷状况不容乐观，负荷最严重的两个医院为牙买加医院和布鲁克代尔医疗中心，因此需要适当地增加医院、诊所等医疗机构来减轻当地医院的负担，并适时地从医院负荷低的地区调配医疗资源进行救助。医院负荷的整体状况和警局类似，较高负荷的医院主要集中在布鲁克林区东部、皇后区和布朗克斯区南部，其余地区情况较为良好。

　　图 3.26 为纽约市消防站对于交通事故的负荷状况。相较于警局和医院，消防站数量最多，因此相应的，消防站的负荷状况普遍较好。整体来看，负荷严重的消防站主要集中在皇后区的西部、南部以及布鲁克林区的东部。布朗克斯区北部有少量的消防站存在超负荷的状况。

　　通过上述分析可以看出，纽约市的急救站点的分布以及负荷状况存在明显的配比不均衡的问题，需要结合各街道的交通事故发生次数，道路的密集程度

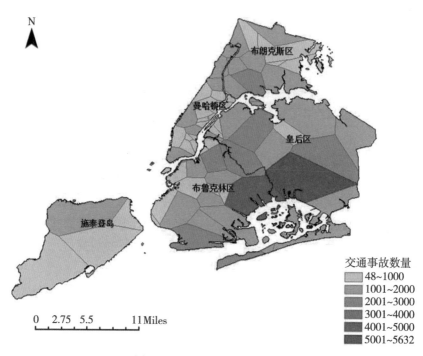

图 3.25 纽约市医院负荷状况

以及交通流量的大小等因素，采取差异化配置策略。在事故频发地、应急站配套情况较差的地区和街道，改造现有的急救站布局，依托现有的综合服务设施或者结合室外活动场所进行布局，以缓解各类急救站点的负荷状况；在事故发生率低、应急站配套情况较好的地区和街道，应继续维护已有的急救站，及时更新相应设备，并为相邻站点提供帮助，充分发挥急救站的作用。

3.5.2 多准则决策分析

多准则决策分析（MCDA）是在多种因素、多个标准的影响下，对一系列可能相互冲突、不可共存的有限或无限个备选方案进行集中选择，剔除不可行方案，获得可行的备选方案的过程（胡卓玮等，2013）。多准则决策分析主要包括数据准备及预处理、缓冲区分析、缓冲区域分级权重赋值、按权重叠置分析、输出结果专题地图等步骤（徐飞龙，2014）。其中，缓冲区分析是对一组或一类地物，根据缓冲的距离条件建立缓冲区多边形图层，然后将这一图层与需要进行缓冲区分析的图层进行叠置分析，从而得到所需结果的一种空间分析

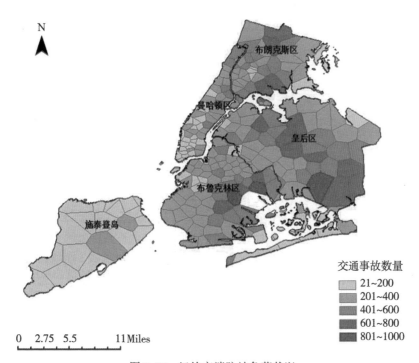

图 3.26 纽约市消防站负荷状况

方法。根据地理实体的性质和属性，规定不同的缓冲区距离是十分重要的；叠置分析是在同一空间参照系统的条件下，叠合两个或两个以上的图层，使得空间区域具有多重属性特征。对缓冲区图层进行叠合，能够生成更加丰富的选址决策信息。

从数学的角度，缓冲区定义为给定一个空间对象或集合，确定其邻域，邻域半径即缓冲距离（宽度），是缓冲区分析的主要数量指标，可以是常数或变量。点状要素根据应用要求的不同可以生成三角形、矩形和圆形等特殊形态的缓冲区。缓冲区分析常可应用到道路、河流、居民点和工厂等生产生活设施的空间分析，为不同工作需要（如道路修整、河道改建、居民区拆迁、污染范围确定等）提供科学依据。结合不同的专业模型，缓冲区分析能够在景观生态、规划和军事应用等领域发挥更大的作用。

从纽约市急救站点的应急服务能力分析中可以看出，纽约市医院的负荷状况最严重，因此以纽约市医院为例，进行空间决策分析，对医院布局优劣进行分级，从而提出优化医院布局的建议。为了更直观准确地反映医院空间布局的优劣程度，将纽约市医院划分为私立医院和公立医院两类，分别建立 3km、5km 缓冲区，得到医院服务区范围。按照表 3.12 的划分依据，通过叠置分析将服务区划分为低值区、中值区、高值区三个等级，从而得到纽约市医院空间布局优化图。

表 3.12　　　　　　　　　　　医院优化等级划分

指数	服务区等级	优化等级
1	既在私立医院服务区，又在公立医院服务区	低值区
2	在私立医院服务区或在公立医院服务区	中值区
3	不在私立医院服务区，也不在公立医院服务区	高值区

由图 3.27 可知，空间布局优化图中由绿色变为红色表示指数逐渐增大，指数越高的区域表示医疗应急资源越匮乏，就越适合作为布局优化调整的区域。曼哈顿区、布鲁克林区和布朗克斯区的医院多，分布较为合理。施泰登岛仅有 4 所私立医院，无公立医院。皇后区东部和南部医疗资源相对匮乏，服务能力低。因此，为了整体提升纽约市的医疗应急服务能力，一方面，扩大已有

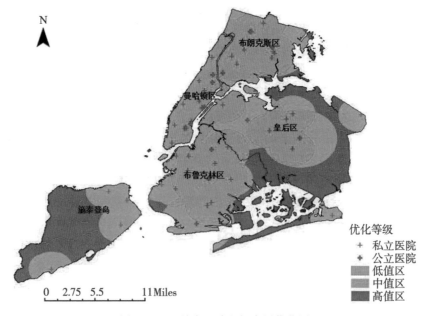

图 3.27　纽约市医院空间布局优化图

私立医院的规模和质量,并在高值区增设医疗机构,提升医护人员服务素质和服务意识,进而提升整个区域的医疗应急服务能力;另一方面,建立与邻近低值区的医疗合作关系,从邻近区获取医疗救助服务,充分利用已有医疗资源,满足应急需求。

第4章 应急大数据的多因素关联分析

本章将以纽约市交通事故为例,采用主成分分析、线性相关性分析和贝叶斯网络对交通事故的相关要素进行分析,然后通过聚类和异常值进行交通事故黑点识别,并利用粗糙理论进行黑点成因识别。利用 Apriori 算法挖掘交通事故的时空关联关系,抽取交通事故的时空关键特征,建立交通事故的强关联规则挖掘模型。最后用随机森林分类模型构建了交通事故严重程度预测模型,对未来交通事故进行预判。

本章数据源于纽约开源数据平台(https://opendata.cityofnewyork.us),下载了 2015—2018 年期间交通事故数据,包括事故编码、时间、经纬度、街道、事故原因等基本信息,另外还有风速、温度等天气状况数据。

4.1 交通事故相关要素分析

在对交通事故相关的影响要素进行分析时,可以采用多种方法结合分析。首先利用主成分分析法,将影响交通事故的诸多因素指标简化成几个综合指标,对复杂的问题进行简化性处理,探究对交通事故产生影响的主要因素;再利用相关性分析,探究交通事故伤亡等级与诸多影响因素之间的相关程度;最后利用交通事故数据构造朴素贝叶斯网络,研究区域交通事故与时间段、天气等存在的内在联系。

4.1.1 主成分分析

主成分分析法(PCA)通过降维的数据处理技术,将多个存在一定关联度的指标简化成几个综合指标,即我们所说的主成分(张拯,2016)。每个主成分可以反映出原始变量中的大部分信息,另外每个主成分所包含的信息是不会存在叠加、重复情况的,因此在对多个变量进行分析研究的时候,主成分分析法不仅可以简化原本复杂、冗杂的数据信息,并且在一定程度上可以将复杂的问题进行简化性处理,使得通过主成分分析法获得的数据更加具有科学性,并且更为直观地反映出我们想看到的信息。

用方程表示多个变量（x_1，x_2，$\cdots$，x_n）转化成几个综合变量（主成分）（Z_1，Z_2，$\cdots$，Z_n），各个主成分之间互不相关（王莺等，2014）：

$$\begin{cases} Z_1 = c_{11}x_1 + c_{12}x_2 + \cdots + c_{1n}x_n \\ Z_2 = c_{21}x_1 + c_{22}x_2 + \cdots + c_{2n}x_n \\ \vdots \\ Z_n = c_{n1}x_1 + c_{n2}x_2 + \cdots + c_{nn}x_n \end{cases} \tag{4.1}$$

其中，x 是原始变量 X 的标准化变量；c_{ij}（i，$j = 1$，2，$\cdots$，n）为线性组合系数，叫做因子负荷量，它的大小以及正负号可以直接反映主成分与相应变量之间关系的密切程度和方向（王强等，2005）。

主成分所反映的是所有样本的总信息，信息量则由 Z_1 到 Z_n 逐渐减少。第 i 个主成分的贡献率为 $\lambda_i / n \times 100\%$；$\lambda_i$ 为与第 i 个主成分对应的特征值，可以通过特征方程 $|R - \lambda I| = 0$ 进行求解，其中 R 为标准化变量的协方差矩阵（即相关矩阵），I 为与相关矩阵同阶的单位矩阵。由此可得，前 P 个主成分的累计贡献率是 $\left(\sum_{i=1}^{P} \lambda_i / n\right) \times 100\%$。在应用时，一般取累计贡献率为 70% ~ 85%或以上所对应的前 P 个主成分即可。有时，（Z_1，Z_2）就能解释（x_1，x_2，$\cdots$，x_n）方差的 70% ~ 80%。

主成分分析法的主要优点包括：①可消除评估指标之间的相关影响。因为主成分分析法在对原始数据指标变量进行变换后形成了彼此相互独立的主成分，而且实践证明指标间相关程度越高，主成分分析效果越好。②可减少指标选择的工作量。对于其他评估方法，由于难以消除评估指标间的相关影响，所以选择指标时要花费较多精力，而主成分分析法可以消除这种相关影响，所以在指标选择上相对容易些。③主成分分析中各主成分是按方差大小依次排序的，在分析问题时，可以舍弃一部分主成分，只取前面方差较大的几个主成分来代表原变量，从而减少了计算工作量。用主成分分析法作综合评估时，由于选择的原则是累计贡献率≥85%，不至于因为节省了工作量却把关键指标漏掉而影响评估结果（杨勇等，2009）。

在计算时可以采用 SPSS 进行主成分分析，包括对描述、抽取、旋转、得分等参数设置后，便可以得到主成分分析报表，需要关注如下几个关键指标或报表：

（1）KMO 和巴特利特检验

KMO 检验根据变量间简单相关系数和偏相关系数的关系来检验变量数据。

当所有变量的简单相关系数平方和远远大于偏相关系数平方和时,变量间的相关性越强,越适合进行主成分分析;反之,则不适合进行主成分分析。

巴特利特检验以原有变量的相关系数矩阵为出发点,其原假设是相关系数矩阵为单位矩阵,检验的统计量根据相关系数矩阵的行列式得到,根据自由度和统计量观测值查询卡方分布表,可近似得到相应的相伴概率值。根据相伴概率与显著性水平之间的关系来判定变量之间是否存在相关关系且适合主成分分析(解坤等,2017)。

对纽约交通事故进行主成分分析,从分析结果可以看出,KMO 取样适宜性数量为 0.491,巴特利特球形度检验的近似卡方值为 1533.013,自由度为 36,显著性小于 0.001。

(2) 总方差解释报表

总方差解释报表见表 4.1,结果显示各个成分初始特征值中,有 4 个特征值大于 1 的成分,累计解释了原始指标 53.085%的信息,略大于 50%。

表 4.1　　　　　　　　　　　　　　　总方差解释报表

成分		初始特征值			提取载荷平方和			旋转载荷平方和	
	总计	方差百分比	累计%	总计	方差百分比	累计%	总计	方差百分比	累计%
1	1.459	16.207	16.207	1.459	16.207	16.207	1.438	15.979	15.979
2	1.242	13.799	30.005	1.242	13.799	30.005	1.168	12.981	28.960
3	1.063	11.809	41.815	1.063	11.809	41.815	1.151	12.793	41.753
4	1.014	11.270	53.085	1.014	11.270	53.085	1.020	11.332	53.085
5	0.995	11.057	64.142						
6	0.967	10.740	74.882						
7	0.901	10.014	84.896						
8	0.791	8.791	93.687						
9	0.568	6.313	100.000						

(3) 旋转成分矩阵

旋转成分矩阵结果见表 4.2,表中第一列代表每个主题项的名称,一行代表一个主题项与每个提取因子的对应关系。在一般情况下,提取旋转成分矩阵中,因子载荷系数大于 0.4 的指标,作为对应主成分指标的构成指标,并根据指标构成对指标反映的维度进行概括。

结果显示：第一主成分由季节、温度组成，反映的是外界季节性的天气状况、温度等；第二主成分由假期、酒精组成，反映的是驾驶员自身的饮酒状态以及假期，社会人文因素影响；第三主成分主要由日夜、风速组成，反映的是每日光照、风力影响；第四主成分主要由车速以及大型车辆组成，反映的是车辆自身的条件状态对交通事故的影响。

表4.2 旋转后的成分矩阵

主成分	1	2	3	4
日夜	−0.160	0.295	**0.710**	−0.041
季节	**0.763**	0.097	−0.013	−0.112
假期	0.142	**0.664**	0.012	−0.047
风速	0.304	−0.183	**0.708**	0.096
温度	**−0.823**	−0.064	0.120	−0.075
天气	0.170	−0.025	−0.318	0.032
酒精	0.012	**0.634**	0.091	0.027
车速	0.039	−0.198	0.074	**0.798**
大型车辆	−0.103	0.389	−0.123	**0.591**

4.1.2 线性相关性分析

相关性分析是研究现象之间是否存在某种依存关系，并对具体有依存关系的现象探讨其相关方向以及相关程度（孙逸敏，2007）。相关性分析可以分为线性相关分析、偏相关分析、距离分析等。

说明两个样本量为 n 的变量 (x, y) 间关系密切程度的统计指标叫相关系数，用 r 表示。计算线性相关系数的基本公式如下：

$$r = \frac{\sum (x - \bar{x})(y - \bar{y})}{\sqrt{\sum (x - \bar{x})^2 (y - \bar{y})^2}} \tag{4.2}$$

式中，$\bar{x}$ 是变量 x 的均值，$\bar{y}$ 是变量 y 的均值；r 值介于−1 到 1 之间；如果 r 大于 0，表示两个变量之间线性正相关；如果 r 小于 0，表示两个变量之间线性负相关；如果 r 等于 0，表示两个变量之间不具有统计线性相关关系（何黎等，2011）。

有三种相关系数：Pearson 相关系数、Spearman 相关系数、Kendall 相关系数。Pearson 相关系数，是对定距连续变量数据进行计算；Spearman 相关系数、Kendall 相关系数，当分类变量的数据或变量值的分布明显非正态或分布不明时，计算时先对离散数据进行排序或对定距变量值求秩。

对交通事故与相关要素之间相关性进行计算时，由于数据不符合正态分布，所以选择 Kendall 相关系数、Spearman 相关系数分析计算，得到 Kendall 及 Spearman 相关系数分析结果见表 4.3，依次表示事故伤亡等级、日夜、季节、假期、风速、温度、天气、酒精、车速、大型车辆之间的相关系数和显著性。

结果显示，交通事故与日夜、假期、温度、酒精、车速、大型车辆的影响是显著相关的。

表 4.3 **Kendall 及 Spearman 相关系数分析结果**

相关系数	Kendall 相关系数		Spearman 相关系数	
	相关系数	显著性（双尾）	相关系数	显著性（双尾）
事故伤亡等级	1.000		1.000	
日夜	0.062	<0.001	0.063	<0.001
季节	0.006	0.600	0.007	0.600
假期	0.073	<0.001	0.075	<0.001
风速	0.001	0.921	0.001	0.921
温度	−0.033	0.002	−0.042	0.002
天气	0.015	0.214	0.017	0.214
酒精	0.050	<0.001	0.051	<0.001
车速	0.030	0.020	0.031	0.020
大型车辆	0.162	<0.001	0.166	<0.001

4.1.3 基于贝叶斯网络的相关分析

贝叶斯网络（BN）是基于概率分析和图论对不确定性知识进行表示的推理模型（陈云，2015），它是一种模拟人类推理过程中因果关系的不确定性处理模型。它是由节点和连接节点的有向边构成的有向无环图（DAG），其中，节点表示可观察到的变量、隐变量、未知参数等随机变量；有向边表示的是节点之间的因果关系（父节点"因"指向子节点"果"），节点之间因果关系强度用条件概率表示。

贝叶斯网络可以将决策相关的各种信息纳入网络结构中，按节点的方式统一进行处理，并用条件概率表达各个信息要素之间的相关关系，能在不完整、不确定的信息条件下进行学习和推理（陈坤，2013）。贝叶斯网络作为一种不确定性的因果关联模型，具有多元知识图解可视化形式，强大的不确定性问题处理能力以及多源信息表达和融合能力（曾华军，2003），通过概率推理来实现事件发生的预测，在统计决策、专家系统和学习预测方面得到了较为广泛的应用。

贝叶斯分类器是用于分类的贝叶斯网络，它是各种分类器中分类错误概率最小或者在预先给定代价的情况下平均风险最小的分类器（李娜，2008）。其分类原理是通过某对象的先验概率，利用贝叶斯公式计算出其后验概率，即该对象属于某一类的概率，选择具有最大后验概率的类作为该对象所属的类。

贝叶斯决策论通过相关概率已知的情况下利用误判损失来选择最优的类别分类（宫明秀，2002）。将样本的类别记为 c，样本的特性记为 x，则"风险"（误判损失）就可以用原本为 c_j 的样本误分类成 c_i 产生的期望损失来衡量，期望损失可通过下式计算：

$$R(c_i \mid x) = \sum \lambda_{ij} \overset{N}{\underset{j=1}{P}}(c_i \mid x) \tag{4.3}$$

其中，λ 是误分类所导致的损失。为了最小化总体风险，只需在每个样本上选择能够使条件风险 $R(c \mid x)$ 最小的类别标记。

朴素贝叶斯分类器是贝叶斯分类器中最简单，也是最常见的一种分类方法。朴素贝叶斯算法是有监督的学习算法，解决的是分类问题。基于属性条件独立性假设，后验概率 $P(c \mid x)$ 的估计公式为：

$$P(c \mid x) = \frac{P(c)P(x \mid c)}{P(x)} = \frac{P(c)}{P(x)} \prod_{i=1}^{d} P(x_i \mid c) \tag{4.4}$$

式中，d 为属性数目；x_i 为 x 在第 i 个属性上的取值；$P(c)$ 是类"先验"概率，$P(x \mid c)$ 是样本 x 相对于类标记 c 的类条件概率；$P(x)$ 是用于归一化的"证据"因子，对于给定样本 x，证据因子 $P(x)$ 与类标记无关。于是，估计 $P(c \mid x)$ 的问题变为基于训练数据来估计 $P(c)$ 和 $P(x \mid c)$。$P(c)$ 可通过各类样本出现的频率来进行估计。

通过对纽约市曼哈顿区 2014 年至 2017 年的交通事故数据构造朴素贝叶斯网络，对事故中伤亡人数进行分析。数据集内容包括伤亡人数、季节、工作/

休息日、节假日、天气、时间段、风速、气温、邮政区、事故因素、事故车是否是大型车辆、事故车车辆类型 1 及事故车车辆类型 2 等数据属性。数据集中 5500 条数据用于训练，525 条数据用于验证。

　　计算结果如图 4.1 所示。根据结果显示，该地区的交通事故的伤亡人数主要与天气、时间段、工作/休息日、气温、事故因素类型、事故车辆是否是大型车辆、事故车辆类型等因素有关。同时，事故因素类型、事故车辆类型与时间段、天气等又存在内在联系。

　　在验证数据集中，有 525 条验证数据，411 条数据得到正确分类，在 95% 的置信区间内，分类正确率为 78.29%±3.53%。

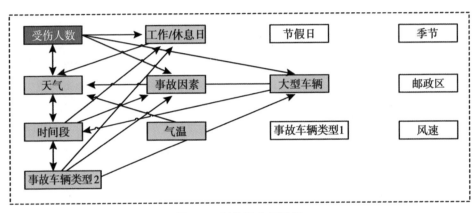

图 4.1　相关性分析结果

4.2　交通事故黑点识别及成因分析

　　道路碰撞事故黑点是指在一个较长的时间段内，发生道路碰撞事故的数量与其他点相比明显突出或者有潜在安全隐患的点。此处的"点"可以为一个断面、一个路段、整条道路或者是一个区域（方守恩，2001）。葡萄牙里斯本举办的第十六届国际道路会议的报告指出，道路碰撞事故热点路段的里程一般只占路网总里程的 0.25%，但是发生的事故数量却占总事故数的 25%（过秀成，2009）。交通事故黑点是道路安全整治工作的重点，找出交通事故黑点的影响因素是消灭黑点的前提工作。交通事故并不是简单地由一种因素所导致的，其影响因素往往是多种多样的且具有不确定性，同时不同影响因素对其产生的影响程度也有所差异。对交通事故进行黑点识别和成因分析，从而改善道路交通的安全发展状况，是刻不容缓的任务。

4.2.1 利用聚类和异常值分析法进行黑点识别

对纽约市交通事故进行空间热点分析时，选用聚类和异常值分析法对计算出的结果进行挖掘。根据数据计算出每个样本的局部莫兰指数，从而鉴别出具有统计显著性的热点、冷点和空间异常值。

聚类和异常值算法通过计算局部莫兰指数、Z 得分等，进而得到每个时空子路段具有统计显著性的聚类类型，包括以下四种：高值（HH）聚类、低值（LL）聚类、高值主要由低值围绕的异常值（HL）和低值主要由高值围绕的异常值（LH）（田鑫，2017），并据此绘制莫兰散点图，它主要描述某一空间单元的观测变量 x 与其空间滞后变量 W_x（即该空间单元周围单元的观测变量值的加权平均值）之间的相关关系。

莫兰散点图分为四个象限，分别对应四种不同类型的局部空间关联模式：①右上象限（H-H）：观测值大于均值，其空间滞后也大于均值；②左下象限（L-L）：观测值小于均值，其空间滞后也小于均值；③左上象限（L-H）：观测值小于均值，但其空间滞后大于均值；④右下象限（H-L）：观测值大于均值，但其空间滞后小于均值。

选取时空子路段的加权网络核密度估计值作为样本的属性值，计算每个时空子路段的聚类类型，并选取置信度为 95% 的统计显著性，聚类类型为高值（HH）聚类的时空子路段为研究区域内的交通事故发生的热点区域，如图 4.2 所示。底图为 MN17 区遥感影像，黄色边框为 MN17 区的边界，红色部分为置信度为 95% 的统计显著性的黑点时空子路段，将其分成 A~I 共 9 个区域，如黑色椭圆所示。识别出的黑点在不同时刻的分布情况，可以归纳出 9 个黑点区域的空间特征和变化规律，如图 4.3 所示。

A 区域为百老汇大街与西 55 大街和西 54 大街交叉口路段，此区域内有许多银行、宾馆、餐厅等建筑，此区域从早上 7 时开始成为交通事故黑点区域，一直延续到上午 10 时，即此路段区域在早上 7 时至 10 时更容易发生严重的交通事故，需要加强防范。B 区域为第六大道与西 51 大街和西 57 大街交叉口路段及其支路路段，此区域从凌晨 1 时到凌晨 6 时为交通事故黑点，且其变化规律是由中心沿南北方向向两端扩散。C 区域为第五大道与东 55 大街和东 58 大街交叉口及其支路路段，此区域从中午 12 时开始成为交通事故黑点，黑点区域从 12 时至下午 4 时从中心向周围扩散，然后从下午 4 时至晚上 8 时从周围向中心收缩，最终收缩到第五大道与东 56 大街和东 57 大街交叉口。D 区域为

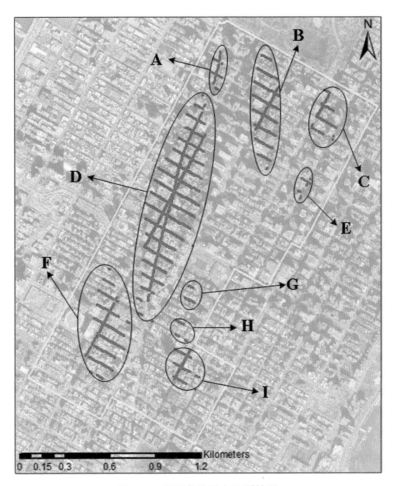

图 4.2　交通事故黑点识别结果

最大的黑点区域，为百老汇大街中部路段及其支路路段，黑点中心为时代广场，从凌晨 0 时至 3 时，以百老汇大街为中心线，两边呈对称分布，从 4 时至 7 时，支路的交通事故开始减少，交通事故主要集中在百老汇大街和百老汇大街右侧支路，从上午 8 时至下午 1 时，黑点区域重心转移至百老汇大街南侧路段，从下午 2 时至晚上 12 时，黑点区域沿百老汇大街向北侧扩散。E 区域为东 51 大街与第五大道和公园大道交叉口路段，附近是纽约中央火车站，该黑点区域只在早上 8 时出现。F 区域为第七大道与西 29 大街和西 35 大街交叉口路段，从凌晨 0 时至上午 9 时，该黑点区域逐渐缩小，然后又在晚上 8 时至 11

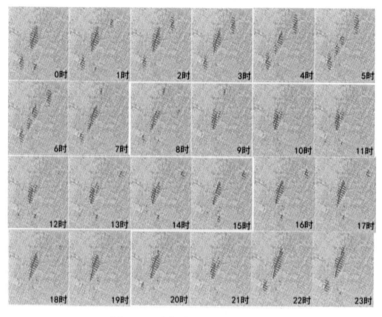

图 4.3 黑点路段时空分布情况

时重新成为交通事故黑点。G 区域为西 38 大街和西 39 大街在第五大道与第六
大道中间的路段,该黑点区域主要出现在早上 8 时、下午 3 时至晚上 8 时以及
晚上 10 时至次日 1 时。H 区域为西 35 大街和 36 大街在第五大道与第六大道
中间的路段,从中午 12 时至下午 5 时,此区域为交通事故黑点路段。I 区域为
第五大道与 32 大街和 34 大街交叉口路段、西 34 大街东段和东 32 大街西段,
此区域从早上 8 时开始成为黑点区域,一直持续到下午 5 时,期间下午 3 时黑
点区域最大。

　　分析发现,MN17 区的交通事故主要集中在百老汇大街中段与第七大道所
形成的椭圆区域、第七大道与西 29 大街和西 35 大街交叉口及其邻近路段等黑
色椭圆区域,为道路安全管理工作上应重点关注的区域路段。应该根据时间的
不同对相应时间段内的交通事故黑点区域加强疏导和管理,有所侧重地调配警
力资源,完善相应路段道路设施,从而减少黑点交通事故的发生及其造成的损
失,最终消灭黑点。

4.2.2　利用粗糙集理论进行成因分析

　　将不确定性分析与推理方法应用于交通事故黑点的影响因素分析中,仅依

赖交通事故数据本身挖掘隐藏在数据背后的知识和规律（姚智胜，2005）。引入粗糙集理论，设计一种交通事故黑点影响因素挖掘分析模型，挖掘出导致交通事故频发的主要影响因素及各因素对事故的影响程度及其之间的规律，服务于道路安全整治。

粗糙集理论是一种分析不确定数据的挖掘算法。基本原理是根据已知数据库中的知识来对知识系统中不确定或者不明确的知识进行描述刻画。在粗糙集理论中，"分类"是指在特定空间上的一种等价替代关系，"概念"是指由等价关系对特定空间"分类"后所形成的集合。粗糙集理论把特定空间"分类"后形成的集合对某一"概念"赋予三种支持程度：一定支持、一定不支持和可能支持，分别对应粗糙集理论中的正域、负域和边界域。粗糙集理论能够在保持原有的分类能力不变的前提下，去除数据中的冗余信息。主要分类的方法对信息和知识进行描述和刻画，涉及的主要概念有信息系统和知识、不可分辨关系和上下近似、知识约简和属性重要度、决策规则。

1. 信息系统和知识

粗糙集理论的主要研究对象为信息系统，也称作决策表，用信息系统来对研究对象进行刻画。信息系统包含所要研究的所有数据，一般使用一个数据表来表示（姚智胜，2005）。比如交通事故数据可以视为一个信息系统，每一行即一起交通事故记录，数据表中每一列代表交通事故记录中包含的属性信息，如位置信息、时间信息、致因因素等。用一个四元组来描述信息系统（印勇，2000），具体如下：

$$S = (U, \ A, \ V, \ f) \tag{4.5}$$

式中，U 为包含所有研究对象的非空有限集合，即论域；A 是包含所有属性的非空有限集合，包括条件属性 C 和决策属性 D，$A = C \cup D$，$C \cap D = \varnothing$；$V = \cup_{a \in A} V_a$，V_a 是属性 a 的值域；f 表示为每个研究对象的每个属性赋予一个属性值的信息函数。

在粗糙集理论中，"知识"象征为分辨能力（韩祯祥，1998），这种分辨能力可以根据事物的不同特征对其进行正确分类。

将交通事故数据视为一个信息系统，每一行即一起交通事故记录，数据表中每一列代表交通事故记录中包含的属性信息，如位置信息、时间信息、致因因素等。在对纽约市 MN17 区的交通事故黑点进行影响因素分析前，首先要进行数据预处理。首先以识别出的 9 个黑点路段区域作缓冲区，然后收集每个区域内的交通事故记录并整理，以黑点编号为名称分别存储在文件中。得到 9 个黑点路段区域共8403条事故记录，每个区域的事故记录数见表4.4。

表4.4　　　　　　　　　　黑点路段区域交通事故数

黑点	A	B	C	D	E	F	G	H	I
事故数	192	912	832	3808	256	1349	85	302	667

　　编程对黑点区域内的交通事故数据进行离散化处理。首先将交通事故记录中的日期字段与每日气象数据相关联，为每条事故记录增加事故发生当天的天气、平均温度、降雨等属性。并且由于粗糙集理论只可以用来处理离散型属性，所以对连续属性进行属性离散化处理。

　　根据交通事故发生的日期提取出事故发生的月份，然后依据月份确定季节属性，其中"3~5月"代表"春季"，"6~8月"代表"夏季"，"9~11月"为"秋季"，"12~2月"为"冬季"。

　　根据交通事故发生的时间提取出事故发生的时刻属性，然后依据时刻属性确定所处的时段，其中各时段对应的时刻见表4.5。

表4.5　　　　　　　　　　时段-时刻对应关系

时段	凌晨	黎明	早晨	上午	中午	下午	夜晚	深夜
时刻（时）	0~2	3~5	6~8	9~11	12~14	15~17	18~20	21~23

　　根据日平均气温的不同将温度属性划分成"严寒""寒冷""温凉""温暖"和"炎热"5个等级，其中"0℃以下"代表"严寒"，"0~10℃"代表"寒冷"，"10~20℃"代表"温凉"，"20~30℃"代表"温暖"，"30℃以上"代表"炎热"。

　　根据纽约市警局对交通事故致因因素的分类，将事故致因因素分成人的因素、车的因素与环境因素三大类，其中与人有关的因素共有27种，如路怒、酒驾、使用电话、司机注意力不集中等，与车有关的因素共有4种，包括刹车失灵、汽车失控、特大型车辆和其他车辆，与环境有关的因素共7种，包括动物行为、眩光、车道标志不当、道路湿滑、障碍物、路面缺陷和视线受阻。每类所包含的具体致因因素见表4.6。

表 4.6 　　　　　　　　　　　交通事故致因因素分类表

人 的 因 素		车 的 因 素
攻击性驾驶/路怒	其他电子设备	制动器故障
酗酒	车外情况分心	无人驾驶/失控车辆
不安全地倒车	乘客注意力分散	其他车辆
超车或车道使用不当	使用手机	超大型车辆
驾驶员注意力不集中/注意力分散	会车过近	环境因素
不安全速度	驾驶员经验不足	动物行为
毒品（非法）	身体残疾	眩光
未靠右行驶	患病中	视线受阻/受限
未能让出通行权	睡着了	障碍物/碎片
无视交通管制	疲劳/困倦	路面缺陷
对未涉及车辆的反应	转向不当	路面湿滑
跟车过近	不安全换道	
服用处方药	行人/骑车人/其他行人错误/混乱	车道标记不当/不足
失去知觉		

将交通事故严重程度属性离散为"一般""轻微""严重"三类，其中一般事故的严重程度为"0"，轻微事故的严重程度为"0.02"，严重事故的严重程度为"0.02 以上"。

根据粗糙集理论及离散后的交通事故数据构建 MN17 区交通事故黑点影响因素挖掘分析模型，构建交通事故知识系统：

$$\begin{cases} S = (U, \ A, \ V, \ f) \\ U = \{e_1, \ e_2, \ \cdots, \ e_n\} \\ A = C \cup D, \ C \cap D = \varnothing \end{cases} \tag{4.6}$$

式中，e_i 为第 i 条交通事故记录，$C=$ ｛季节，时段，雨雪天气，雾霾天气，温度等级，人的因素，车的因素，环境因素｝，$D=$ ｛交通事故严重程度｝。

2. 不可分辨关系和上下近似

从条件属性中提取出属性核是粗糙集理论算法的重点，为此，需要了解不可分辨关系、上（下）近似、粗糙度。

知识库 $K = \{U, R\}$ 是由一个个小的颗粒组成。"知识"是具有颗粒性的，颗粒性越小说明越能精确地表达更多的概念。不可分辨关系是指当两个对象无法根据已有的知识进行区分时，此时两个对象之间的关系，也被称作等价关系。

基本集是论域知识中最小的颗粒，它是由论域中所有属性都相同的物体构成的集合，同一个基本集中的不同对象之间的关系是不可分辨的。因此，"知识"亦可被理解为将论域划分为一系列等效类的等效关系。

假设 $P(P \subseteq R)$ 为论域 U 中的一个属性集合，IND 表示不可分辨关系，IND（P）则表示在属性集合 P 上的不可分辨关系。进而 U/P（或 U/IND（P））则表示论域 U 被 IND（P）分割成不同的部分。具体实现的伪代码如下：

算法 4.1 不可分辨关系计算

输入：属性集合 P，属性表 S

输出：不可分辨关系 IND

Relation（P，S）

```
1   for 实例 x，实例 y in S do
2       for 属性 i in P do
3           if x [i] = y [i] then
4               IND += (x, y)
5           end
6       end
7   end
```

在粗糙集理论中，对象 a 与属性集合 P 之间的关系有以下三种：①对象 a 一定属于集合 P；②对象 a 部分属于集合 P；③对象 a 一定不属于集合 P。这种关系的划分建立在知识系统中所拥有的"知识"的基础上（张文修，2001）。

对于论域 U 和属性集合 P，x 为论域 U 中的一个样本，X 为 U 的一个子集，$\{x_i\}_{\text{IND}(P)}$ 表示所有与 x 具有等价关系的样本所构成的集合。则集合 X 关于

P 的下近似表示为：$\underline{P}(X) = \{x_i \in U \mid \{x_i\}_{\text{IND}(P)} \subseteq X\}$；集合 X 关于 P 的上近似表示为：$\overline{P}(X) = \{x_i \in U \mid \{x_i\}_{\text{IND}(P)} \cap X \neq \varnothing\}$。

通常用粗糙度来衡量粗糙集的粗糙程度，其计算公式如下：

$$a_P = \left| \frac{\overline{P}(X)}{\underline{P}(X)} \right| \tag{4.7}$$

式中，$|*|$ 表示集合 $*$ 的势（Cardinality），即有限集合中所包含的对象个数。$a_P(X)$ 表示在等效关系 P 下逼近集合 X 的精度，$0 \leqslant a_P(X) \leqslant 1$；当 $a_P(X) = 1$ 时，集合 X 在等效关系 P 的划分下是明确的；当 $a_P(X) < 1$ 时，集合 X 在等效关系 P 的划分下是不清晰的。

对离散后的交通事故记录中的属性进行编码，可以得到事故各属性取值编码见表4.7。

表 4.7 　　　　　　　　交通事故各属性代码及取值编码表

序号	属性	属性取值编码	均值	标准差
1	季节	1-春季，2-夏季，3-秋季，4-冬季	2.50	1.09
2	时段	1-凌晨，2-黎明，3-早上，4-上午，5-中午，6-下午，7-夜晚，8-深夜	5.22	1.99
3	雨雪天气	0-非雨雪天气，1-是雨雪天气	0.35	0.48
4	雾霾天气	0-无雾霾，1-轻度雾霾天气，2-重度雾霾天气	0.48	0.55
5	温度等级	1-严寒，2-寒冷，3-温凉，4-温暖，5-炎热	2.93	0.99
6	人的因素	1-路怒，2-酒精参与，3-不安全倒车，…，27-不安全的速度	9.93	8.05
7	车的因素	1-刹车失灵，2-汽车失控，3-其他车辆，4-特大型车辆	0.28	0.89
8	环境因素	1-动物行为，2-眩光，3-车道标志不当，4-障碍物，5-路面缺陷，6-道路湿滑，7-视线受阻	0.11	0.79
9	事故严重程度	0-轻微事故，1-一般事故，2-严重事故	0.02	0.16

对交通事故记录进行属性离散化处理后，基于粗糙集理论设计交通事故知识系统。将交通事故记录中的属性分为条件属性和决策属性，然后将交通事故数据集转换成一个二维表格，表格中的行代表一条交通事故记录，表格中的列

代表交通事故记录中的属性，而每一个元素都对应着其所在列的相应属性的属性值。

为分析黑点区域的交通事故严重程度与其他属性的关系，以事故严重程度为决策属性，季节、时段、雨雪天气等其他因素为条件属性，构建交通事故严重程度的决策表见表 4.8。

表 4.8　　　　　　　　　　交通事故信息决策表（例）

交通事故ID	条件属性								决策属性
	季节	时段	雨雪天气	雾霾天气	温度等级	人的因素	车的因素	环境因素	事故严重程度
1	3	6	1	1	2	5	0	0	0
2	4	6	0	0	1	3	0	0	0
3	4	5	0	0	2	5	0	0	0
4	3	5	0	1	3	3	0	0	0
5	2	1	1	1	4	5	0	0	0
6	2	3	0	0	4	17	0	0	0
7	1	4	0	0	2	12	0	0	0
8	3	4	0	1	2	26	0	0	0
9	3	6	0	0	4	0	0	7	1
10	1	3	0	0	4	0	3	0	0

3. 知识约减和属性重要度

知识约简是指在知识系统分类能力不变的情况下，对冗余知识进行剔除，对知识系统中不可缺少的知识进行保留。设有两个互相不重复的属性集合 P 和 Q，其中 Q 不为空。如果 $Q \subseteq P$ 和 $\text{IND}(P) = \text{IND}(Q)$ 同时成立，则把 Q 称为 P 的一个约简（Reduce），用 $\text{Red}(P)$ 来表示。属性集合 P 的核表示属性集合 P 中所有不能省去的属性集合，用 $\text{Core}(P)$ 来表示，$\text{Core}(P) = \cap \text{Red}(P)$，从中可以发现核是知识系统中不可缺少的部分，通过约简可以得到所有约简和核的关系。

在决策规则的生成中，起决定性作用的是约简后的属性。约简后的属性数量与决策规则的数量之间成正相关（王庆东，2005）。知识系统中等价关系之间的依赖关系是知识约简的基础和前提。

在信息系统中，属性的重要度表示属性对分类的影响程度。重要度可能是人为赋予的，也被称作"权重"，但是在粗糙集理论中，这种重要度不依赖任何先验知识，是仅仅从数据本身出发而得到的客观值。

对每个黑点路段区域交通事故决策表进行属性约简，得到各黑点路段区域内交通事故决策表条件属性的属性重要度，并与所有黑点路段区域和整个 MN17 区进行对比，计算结果见表 4.9，"＼"表示属性重要度值为 0。

表 4.9　　　　　　　　各黑点区域交通事故致因因素属性重要度

区域	季节	时段	雨雪天气	雾霾天气	温度等级	人的因素	车的因素	环境因素
A	0.0365	0.0885	0.0104	0.0208	0.0156	0.0781	＼	＼
B	＼	＼	＼	＼	＼	＼	＼	＼
C	＼	＼	＼	＼	＼	＼	＼	＼
D	＼	0.0013	＼	＼	＼	0.0023	＼	＼
E	＼	＼	＼	＼	＼	＼	＼	＼
F	＼	＼	＼	＼	＼	＼	＼	＼
G	＼	＼	＼	＼	＼	＼	＼	＼
H	0.0464	0.1159	0.0132	0.0364	0.0430	0.1623	＼	＼
I	0.0945	0.2774	0.0390	0.0435	0.0555	0.3373	＼	＼
MN17 热点	0.1226	0.2961	0.0309	0.0421	0.0725	0.2982	0.0017	0.0006
MN17 区域	0.1560	0.2421	0.0710	0.0876	0.1224	0.2473	0.0296	0.0124

根据表 4.9，可以发现，对于不同黑点路段区域，不同影响因素的属性重要度是有区别的，比如对于黑点 A、H 和 I，"车的因素"和"环境因素"的属性重要度均为 0，说明"车的因素"和"环境因素"对黑点路段区域中的交通事故的严重程度的分类没有影响；而对于黑点 D，只有"时段"和"人的因素"的属性重要度不为 0，说明只有"时段"和"人的因素"对黑点 D 路段区域内交通事故严重程度的分类有影响；对于 MN17 区所有黑点路段区域和整个 MN17 区，所有影响因素的属性重要度均不为 0，说明所有影响因素都会影响事故严重程度的分类。

对于所有黑点区域和整个 MN17 区域，"人的因素"的属性重要度均为所有影响因素中最高的，说明"人的因素"对于交通事故的严重程度分类贡献最大，即交通事故的严重程度受"人的因素"的影响最大。

在粗糙集理论中，可以根据条件属性的属性重要度得到属性的核和约简属性，进而得到约简决策表。各黑点区域的约简决策表中属性见表 4.10。

表 4.10 各黑点区域交通事故约简属性集

区域	约 简 属 性
A	季节、时段、雨雪天气、雾霾天气、温度等级、人的因素
B	时段
C	时段
D	时段、雾霾天气、人的因素
E	时段
F	时段
G	时段
H	季节、时段、雨雪天气、雾霾天气、温度等级、人的因素
I	季节、时段、雨雪天气、雾霾天气、温度等级、人的因素

而对于整个黑点路段区域和整个 MN17 区，所有条件属性的属性重要度均不为 0，即所有条件属性对于事故严重程度的分类均有影响，所以不能删除。因此其约简属性即所有条件属性。

4. 决策规则

对于决策表 $(U, C \cup D)$，论域 U 被条件属性 $C = \{C_1, C_2, \cdots, C_n\}$ 所划分而成的集合用 $\{U/\mathrm{IND}(C_1), U/\mathrm{IND}(C_1), \cdots, U/\mathrm{IND}(C_n)\}$ 来表示，记作 $\{c_1, c_2, \cdots, c_n\}$，$U$ 被决策属性 D 所分割的集合用 $U/\mathrm{IND}(D)$ 来表示，记作 $\{d\}$。条件属性 C_i 的等价类 c_i 的取值用 $\mathrm{Des}(c_i)$ 来表示，决策属性 D 的等价类 d 的取值用 $\mathrm{Des}(d)$ 来表示。因此，规则的表示如下：

$$\mathrm{Des}(c_1) \wedge \mathrm{Des}(c_2) \wedge \cdots \wedge \mathrm{Des}(c_n) \Rightarrow \mathrm{Des}(d) \tag{4.8}$$

满足条件 $\mathrm{Des}(c_1) \wedge \mathrm{Des}(c_2) \wedge \cdots \wedge \mathrm{Des}(c_n)$ 的等价类用 $[x]_c$ 来表示，满足 $\mathrm{Des}(d)$ 的等价类用 $[d]_D$ 来表示，则上述规则的置信度的计算公式如下：

$$\alpha = \frac{\mathrm{Card}([x]_C \cap [d]_D)}{\mathrm{Card}([x]_C)} \tag{4.9}$$

上述规则的支持度的计算公式如下：

$$\zeta = \frac{\mathrm{Card}([x]_C \cap [d]_D)}{\mathrm{Card}(U)} \tag{4.10}$$

删除约简决策表中的重复实例，然后总结影响各黑点路段区域不同严重程度的交通事故的决策规则，并计算每条规则的支持度与置信度，引入关联规则挖掘中的评价指标 Kulc 系数作为决策规则选取的评价指标，Kulc 系数值越大，说明决策规则越具有信服力，Kulc 系数的计算公式如下：

$$\begin{cases} \alpha_{C \to D} = \dfrac{\mathrm{Card}([x]_C \cap [d]_D)}{\mathrm{Card}([x]_C)} \\[3mm] \alpha_{D \to C} = \dfrac{\mathrm{Card}([x]_C \cap [d]_D)}{\mathrm{Card}([d]_D)} \\[3mm] \mathrm{Kulc}_{C,D} = \dfrac{\alpha_{C \to D} + \alpha_{D \to C}}{2} \end{cases} \tag{4.11}$$

式中，$\alpha_{C \to D}$ 为规则 $\mathrm{Des}(c_1) \wedge \mathrm{Des}(c_2) \wedge \cdots \wedge \mathrm{Des}(c_n) \Rightarrow \mathrm{Des}(d)$ 的置信度。

计算每条决策规则的支持度、置信度和 Kulc 系数，对 Kulc 系数由高到低进行排序，可以得到决策规则集，见表 4.11，"＊"表示该属性不在此决策规则中。由决策规则集可以总结出各个黑点区域的交通事故影响因素决策规则。限于篇幅，此处仅给出黑点 D 区域的计算结果，不一一给出对于其他区域的计算结果。黑点 D 区域的约简属性为时段、雾霾天气和人为因素。

表 4.11　黑点 D 区域交通事故影响因素分析决策规则集和评价指标（例）

| 区域 | 决策规则 | | | | | | | | | 支持度（%） | 置信度 | Kulc系数（%） |
	季节	时段	雨雪天气	雾霾天气	温度等级	人的因素	车的因素	环境因素	严重程度			
D	＊	4	＊	0	＊	7	＊	＊	2	0.1	1	100
	＊	5	＊	0	＊	5	＊	＊	0	3.9	1	52.0
	＊	6	＊	1	＊	5	＊	＊	0	3.4	1	51.7
	＊	8	＊	0	＊	5	＊	＊	0	2.7	1	51.3
	＊	7	＊	1	＊	5	＊	＊	0	2.4	1	51.2
	＊	4	＊	0	＊	5	＊	＊	0	2.3	1	51.1

续表

区域	决策规则									支持度（%）	置信度	Kulc系数（%）
	季节	时段	雨雪天气	雾霾天气	温度等级	人的因素	车的因素	环境因素	严重程度			
D	*	1	*	0	*	5	*	*	0	1.8	1	50.9
	*	1	*	1	*	5	*	*	0	1.3	1	50.6
	…	…	…	…	…	*	*	…	…	…	…	…

对于黑点 D 区域，可以总结出：①司机注意力不集中是导致交通事故的主要原因，贯穿在一天中（从早上到深夜）；②非法吸食毒品会造成严重的交通事故；③一般事故主要发生在中午时段，主要致因因素为司机注意力不集中和跟车过紧。

为了验证基于粗糙集理论对黑点影响因素分析的结果，使用决策树对识别出的交通事故黑点路段事故的影响因素进行分析。决策树是一种通过建立树状选择结构分类规则来模拟决策时考虑多因素流程顺序的分类算法，在决策树模型中，使用 CART 算法进行模型的构建，对黑点路段发生的交通事故的影响因素进行分析，黑点 D 结果如图 4.4 所示。黑点 D 的交通事故影响因素决策树，主要结论为：①春季温度等级为严寒、寒冷或温凉时容易发生一般事故；②春季温度等级为温暖或炎热时，早上 8 点之前由于司机注意力不集中容易导致轻微事故，而在早上 8 点之后容易导致一般事故；③除春季外，其他季节容易发生一般事故。

通过对比，可以发现两种模型方法都可以总结出不同黑点路段交通事故影响因素的决策规则，这两种模型方法都是从数据本身出发的，对 MN17 区交通事故黑点路段事故中的影响因素进行规则的挖掘，所挖掘出的规则存在异同。在决策树模型中若不对生成的决策树进行剪枝，则会导致生成的规则过于细致，使得模型的泛化性能不够理想，经过剪枝操作，模型的泛化性能虽然得到提高，但是相应地也会丢失一些细节，而与基于决策树构建的模型相比，基于粗糙集理论构建的模型不对原始数据进行过多操作，能够尽可能多地保留数据中的细节。同时，决策树模型中对属性特征的划分可解释性较差，而基于粗糙集理论构建的模型可以计算出每个属性对于整个数据集的属性重要度，进而根据属性重要度选择重要的属性来对整个数据集进行描述。

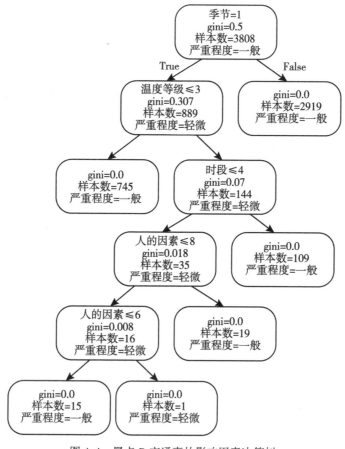

图 4.4　黑点 D 交通事故影响因素决策树

4.3　基于 Apriori 算法进行关联规则计算

　　Apriori 算法是一种广度优先的逐层搜索算法，通过对事务计数找出频繁项集，再从中推导出关联规则（汤毅平，2016）。在 Apriori 算法中，频繁项的子集仍是频繁的。利用 Apriori 算法挖掘交通事故的时空关联关系，寻找热点研究区域，抽取交通事故的时空关键特征，建立交通事故的强关联规则挖掘模型。本节以美国纽约交通事故数据集为例，对交通事故的时间段、网格编号等属性信息，选择合适的支持度和置信度阈值，进行关联规则挖掘。

4.3.1　关联规则计算

令 $I=\{x_1,\ x_2,\ \cdots,\ x_m\}$ 是一组称为项（item）的元素的集合，集合 $X\subseteq I$ 称为项集。令 $T=\{t_1,\ t_2,\ \cdots,\ t_m\}$ 为另一个由事务标识符（tid）构成的集合，集合 $T\subseteq I$ 称为一个事务标识符集。

数据集 D 的一个项集支持度（support），表示为 sup（X，D），即 D 中包含 X 事务的数量：

$$\mathrm{sup}(X,\ D)=|\ \{t\ |<t,\ i(t)>\in D \text{ and } X\subseteq i(t)\}\ |=|\ t(X)\ | \quad (4.12)$$

X 的相对支持度是包含 X 的事务的比例（黄庆炬等，2007）：

$$r\mathrm{sup}(X,\ D)=\frac{\mathrm{sup}(X,\ D)}{|\ D\ |} \quad (4.13)$$

它是对包含 X 项的联合概率的一个估计。若 sup（X，D）≥minsup，则称 X 在 D 中是频繁的，其中 minsup 是用户定义的最小支持度阈值。使用集合 F 表示所有频繁项集的集合，$F^{(k)}$ 表示频繁 k-项集的集合。

关联规则是一个表达式 $X\to Y$，其中 X 和 Y 是项集且不相交，即 X，$Y\subseteq I$，其中 $N\cap Y=\varnothing$（吴喜之，2012）。此处用 XY 表示项集 $X\cup Y$。规则的支持度（support）是 X 和 Y 同时出现事务的总数，计算公式为：

$$s=\mathrm{sup}(X\to Y)=|\ t(XY)\ |=\mathrm{sup}(XY) \quad (4.14)$$

一条规则的置信度（confidence）是一个事务包含 X 的情况下也包含 Y 的条件概率（吴喜之，2012）：

$$c=\mathrm{conf}（X\to Y）=P（XY）=\frac{P（X\wedge Y）}{P（X）}=\frac{\mathrm{sup}（XY）}{\mathrm{sup}（X）} \quad (4.15)$$

如果一条规则对应项集的 sup（XY）≥minsup，则称该规则是频繁的。若 conf（$X\to Y$）≥minconf，则称该规则是强的，其中 minconf 是用户定义的最小置信度阈值。

为了生成频繁且高置信度的关联规则，首先要枚举所有的频繁项及其支持度。给定数据集 D 和用户自定义的支持度阈值 minsup；其次，给定频繁项集的集合 F 和最小置信度 minconf，关联规则挖掘的任务是找出所有频繁且置信度高的规则。

4.3.2　频繁项集挖掘算法

频繁项集是指支持度大于等于最小支持度（minsup）的集合（颜跃进等，2004），频繁项集挖掘的主要步骤为：①候选生成，在集合 I 中，每一个项集都可能是频繁模式，候选项集的搜索空间是指数式的；②支持度计算，计算每个候选模式 X 并判定它是否为频繁的。

在所有可能的项集中，有很多候选都不是频繁的。令 X，$Y \subseteq I$ 为任意两个项集，若 $X \subseteq Y$，则 sup (X) $\geqslant$ sup (Y)，由此可得：①如果 X 是频繁的，则其任意子集 $Y \subseteq X$ 也是频繁的；②如果 X 不是频繁的，则其任意超集 $Y \supseteq X$ 都不是频繁的。

Apriori 方法利用以上两个性质，采用逐层或宽度优选的方法来访问项集搜索空间，并修剪掉所有非频繁候选的超集，因为非频繁项集的超集都是非频繁的，这就避免了生成含有非频繁项子集的候选。

除了通过项集剪枝来改进候选的生成步骤，Apriori 方法同样大大降低了 I/O 复杂性，它对前缀进行深度优先搜索，并计算所有大小为 k 的有效候选（即构成了前缀树的第 k 层）的支持。

计算流程见算法 4.2 中伪代码。令 $C^{(k)}$ 代表包含所有 k-项集的前缀树。首先将单个项插入一个初始为空的前缀树，得到 $C^{(1)}$。while 循环（第 5~11 行）通过生成 D 中每个事务的 k-子集，对每个这样的子集，对 $C^{(k)}$ 中的对应候选（如果存在）的支持度加 1，从而实现第 k 层支持的度的计算。通过这种方式，在每一层都只会扫描一次，并且在扫描的过程中对所有候选 k-项集的支持度进行增量。接下来，移除任意的非频繁候选（第 9 行）。剩余的前缀的叶子就构成了频繁 k-项集的集合 $F^{(k)}$，然后可用于下一层的候选 $(k+1)$ -项集（第 10 行）。

算法 4.2　Apriori 算法伪代码

输入：数据集 D，集合 I，最小支持度阈值 minsup

输出：频繁项集的集合 $F^{(k)}$

Apriori （D，I，minsup）

1	F $\leftarrow \varnothing$
2	$c^{(1)} \leftarrow \{\varnothing\}$ //用单个项初始化前缀树
3	foreach i $\in$ I do 通过 sup （i） $\leftarrow 0$，使得 i 成为 $c^{(1)}$ 子集的子节点
4	k $\leftarrow 1$　　//k 代表层数
5	while $C^{(k)} \neq \varnothing$ do

6	ComputeSupport（$C^{(k)}$, D）　//计算支持度
7	foreach 叶子节点 X∈$C^{(k)}$ do
8	if sup（X）≥minsup then F←F∪｛（X, sup（X））｝
9	else 从 $c^{(k)}$ 中删除 X
10	$C^{(k+1)}$←ExtendPrefixTree（$C^{(k)}$）//基于前缀扩展方式进行候选生成
11	k←k+1
12	return $F^{(k)}$

FPGrowth 方法使用一种增强的前缀树对数据 D 进行索引（冯晓龙等，2018），以实现快速的支持度计算。树中的每个节点都用单个项标注，每一个子节点代表一个不同的项，每个节点同时存储了从根节点到它路径上的项，从而构成项集的支持度信息。

FP 树按照以下方式构建：树的根初始化为空项 ∅。对于每一个<t, X>∈ D，其中 $X = i$（t），将项集 X 插到 FP 树，代表 X 的路径上的所有节点的计数值都加 1。若 X 与某些之前插入的事务共享前缀，则在整个共同前缀上，X 会遵循相同的路径。对于 X 中剩余的项，在共同前缀下创建新的节点（计数初始化为 1）。当所有事务都插入之后，FP 树就构建完成了。

FPGrowth 将所有的项按照支持度的降序排列。首先计算所有单项 $i = I$ 的支持度；然后，丢弃非频繁的项，并对频繁项按支持度值降序排列；最后，每个元组<t, X>∈D 都插到 FP 树中（X 中的项按照支持度降序重新排列）。FP 树构建完成后，所有的频繁项集就可以从树中挖掘出来。

基于频繁树模式的频繁集搜索方法见算法 4.3。当 FP 树是多条路径时，枚举所有路径子集的项集，且每个项集的支持度等于其中最不频繁项的支持度值（第 2~6 行）。当 FP 树是单一路径时，按照支持度的升序为其中的每一个频繁项 i 建立投影 FP 树。产生 FP 树是当前前缀和项 i 的项集 X 的投影（第 9 行）。找到树中所有 i 的出现，对于每一个出现，确定其对应的从根到 i 的路径（第 13 行）。一个给定路径中的项 i 的计数存在于 cnt（i）中（第 14 行），并将该路径插到新的投影树 R_X，其中 X 是对前缀 P 新增项 i 得到的项集。然后，以 FP 树 R_X 和新的前缀集 X 作为参数，递归调用 FPGrowth。

算法 4.3 FPGrowth 算法伪代码

输入：FP 树 R，项集前缀 P，频繁项集 F，最小支持度阈值 minsup

输出：频繁模式树 R_X

FPGrowth（R，P，F，minsup）//初 始 调 用：R ← F Ptree（D），
P←∅，F←∅

1	删除 R 中所有的非频繁项
2	if IsPath（R） then //将 R 的子集插入 F
3	foreach Y⊆R do
4	X←P∪Y
5	sup（X）←$\min_{x \in Y}$｛cnt（x）｝
6	F←F∪｛（X，sup（X））｝
7	else //对每一个频繁项 i，处理其投影 FP 树
8	foreach i∈R 按照 sup（i）的升序 do
9	X←P∪｛i｝
10	sup（X）←sup（i） //所有标为 i 节点的 cnt（i）的和
11	F←F∪｛（X，sup（X））｝
12	R_X←∅ //X 的投影 FP 树
13	foreach 路径 ∈ PathFromRoot（i）do
14	cnt（i）←给定路径中项 i 的计数
15	将路径（去除 i）插到所有计数为 cnt（i）的 FP 树 R_X 中
16	if R_X≠∅ then FPGrowth（R_X，X，F，minsup）

4.3.3 交通事故数据的关联挖掘分析

以美国纽约 2015 年交通事故数据展开，含 182980 条交通事故记录，包含发生时间、案发地经纬度、隶属街区和警局区域等信息，删除位置、时间属性，以及事故描述属性缺失的数据行。对研究区域内交通事故进行逐小时统

计，发现 0~6 点为交通事故的低发期，6~12 点为激增期，12~18 点为高发期，18~24 点为回退期。据此将交通事故数据的时间属性离散化为 0_6，6_12，12_18，18_24。

将研究区域切割成 3km×3km 的空间格网，提取出与研究区域相交的共计 195 个网格，并对网格进行编号。读取预处理后的交通事故数据，根据经纬度信息，与这 195 个网格进行空间连接，为交通事故数据赋予与空间位置相对应的网格编号，以便通过 Apriori 算法进行关联规则挖掘。

对交通事故案件类别、时间段、网格编号等属性信息进行关联规则分析，选择合适的最小支持度和最小置信度。由于数据量过于庞大，为提取出有意义的强关联规则，设置最小支持度为 0.00024，最小置信度为 0.2，计算提取满足最小支持度与最小置信度的强关联规则集。按照关联规则长度为 2，提升度大于 1.1 的原则进行筛选，得到共计 84 条强关联规则。通过分析得到的强关联规则，推出地理格网与时间段这两个属性之间所存在的关联关系，进而推测交通的时空规律。通过使用聚类方法将强规则分组，实现强关联规则基于矩阵的可视化，如图 4.5 所示。圈的大小表示聚合后的支持度，6_12 时间段对应 31 条强关联规则，12_18 时间段对应 24 条强关联规则，18_24 时间段对应 19 条强关联规则。

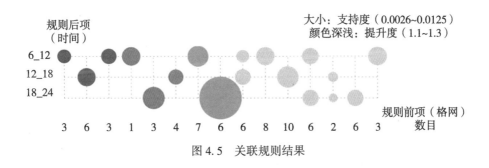

图 4.5　关联规则结果

4.4　基于随机森林模型的交通事故预测

随机森林（RF）算法是 Breima L 于 2001 年提出的，它是一种利用多棵决策树的分类器，可以通过对样本的训练进行分类和回归，在医学、生态学、经济学、管理学等领域得到广泛应用（李侠男，2017）。可以用随机森林分类模型构建交通事故严重程度预测模型，并用真实数据进行验证。编程语言为

Python，随机森林模型的实现采用了 sklearn 模块，辅之以 pandas 模块和 numpy 模块处理数据。首先读入数据并对训练样本进行训练，得到最佳的参数组合，然后利用最佳参数组合进行测试集样本测试和全部样本评估交通事故严重程度并验证其准确度。

4.4.1　随机森林模型原理

随机森林算法可以处理海量数据，通过对样本数据信息进行提炼和分析，进行分类或回归计算，可以有效处理多准则问题，具有较好的自适应能力。另外，随机森林法可以评价各种指标的重要程度。随机森林法随机选择特征指标进行分支，对噪声具有很好的容忍能力，计算速度快捷，方便实用（李丽，2012）。

1. 随机森林算法框架

随机森林算法是通过装袋算法（Bagging）形成多个样本集，然后采用分类回归树（CART）作为元学习器生成组合分类器，最后由众数规则计算决策结果（方匡南，2011）。

装袋算法原理是：给定一种基学习器和一个原始样本集，用自助抽样法从原始样本中获得多个子训练集，利用基学习器训练多次，得到一个预测函数序列，这些预测函数序列可以组成一个预测函数，最后通过投票得到决策结果（Breiman L，1996）。装袋算法通过自助抽样法有效地提高了随机森林算法的准确度。自助抽样法具体如下：假设样本集大小为 N，每棵决策树的子训练集通过随机有放回地抽取获得，每个子训练集中训练样本的个数与原始样本集的个数相同，允许子训练集的训练样本重复。因此，装袋算法有两个优点：一是随机有放回地抽取样本可以降低随机森林模型的方差，降低模型的泛化误差；二是使各决策树的子训练集各不相同，减少了决策树之间的相关性，提高了模型的整体效果。自助抽样法得到的各个子训练集之间的相关性越小，模型的泛化性能越好，越不容易过拟合（张沧生，2007）。对于装袋算法，提高模型分类准确率的前提是基学习器是否稳定。算法的不稳定性是指子训练集的较小变化能够引起分类结果的显著变化。Breiman 认为，不稳定的基学习器能够提高预测的准确率，稳定的学习算法不能显著提高预测准确率，有时甚至还会降低预测准确率（Breiman L，2001）。

Breiman 在 1984 年提出的分类回归树（CART）是一种不稳定的学习算法，因此 CART 方法与装袋算法结合就形成了随机森林算法，可以提高模型预测准确率。分类回归树在随机森林模型中的作用就是通过训练样本集来构建可以准确分类的算法，训练样本集的过程就是决策树生长的过程（Breiman L, 2001）。简单来讲，它是一棵由根节点、内部节点和叶子节点构成的二叉树。将处于根节点的样本集自上而下地按照一定准则进行分割，逐步得到内部节点，最后得到叶子节点，叶子节点在应用研究中代表了类别种类。需要强调的是，分类回归树选择最优特征和分割节点的标准是基尼指数，基尼指数代表某一节点的不纯度，基尼指数越小，说明节点处的样本之间的差异性越小。基尼指数越大，说明节点处的样本包含的种类越多。如果基尼指数小到一定标准，该节点处的样本就可以划分为同一类，该节点不再进行分割，得到叶子节点。样本集 S 的基尼指数可以表示为

$$\text{Gini}(S) = 1 - \sum_{n=1}^{N} \left(\frac{|C_n|}{|S|} \right)^2 \tag{4.16}$$

式中，S 为某节点处样本集；C_n 为样本集 S 中属于第 n 类的样本集。

样本集 S 在某一特征 A 某一取值 a 处进行分割的基尼指数可表示为：

$$\text{Gini}(S, A) = \frac{|S_1|}{|S|} \cdot \text{Gini}(S_1) + \frac{|S_2|}{|S|} \cdot \text{Gini}(S_2) \tag{4.17}$$

式中，S 为某节点处样本集，S_1 和 S_2 为利用特征 A 处的取值 a 分割后的两个子样本集。

可以设置划分节点时决策树生长的停止条件来控制决策树，比如考虑的最大特征数、决策树最大深度、内部节点再划分所需样本数、叶子节点最小样本数等决策树参数。

单分类回归树的递归生长过程如下：①对每一个特征 A 和该特征每一个可能的取值 a，根据 $A<=a$ 和 $A>a$ 将样本集 S 分割成两部分，计算样本 S 在特征 A 取值 a 时的基尼指数；②对所有特征和特征对应的所有可能切分值进行遍历，选择基尼指数最小的特征和特征对应的取值作为分割节点，将样本集分为两个子集；③递归地调用第①步和第②步，直到满足分类回归树的生长停止条件。分类回归树生长的停止条件包括基尼指数小于阈值、决策树深度达到设置的最大值、内部节点划分时样本个数小于设置值；④判断叶子节点的风险等级，决策树生成，不再修剪。

2. 袋外数据估计与特征重要性

随机森林利用自助抽样法对样本集进行随机有放回地抽样，假设原始样本集有 N 个样本，则每个样本有 $(1-1/N) N$ 的概率不被抽取到，如果 N 取无

穷大，这个概率大约等于 0.37，说明大概有 37% 的原始样本不会被抽取，这部分未被抽取到的样本称为袋外数据（out of bag，OOB），利用袋外数据评估模型误判率的过程叫做 OOB 估计（方匡男，2011）。

L. Breiman 通过研究提出，OOB 估计的模型准确率几乎等于测试与训练集同规模的测试集的准确率，意味着 OOB 估计的效果近似于交叉验证，而且比交叉验证快捷高效，因此随机森林一般情况下可以不对测试集进行测试（方匡男，2011）。

特征重要性表示特征对预测结果的影响程度，某一特征重要性越大，表明该特征对预测结果的影响越大，重要性越小，即该特征对预测结果的影响越小（Louppe G，2014）。通过计算特征重要性可以判断在交通事故中对事故严重程度影响较大的因子有哪些。随机森林模型中某一特征的重要性，是所有决策树得到的该特征重要性的平均值。采用树模型计算特征重要性的方法，某节点重要性为：

$$n_k = w_k \cdot G_k - w_{\text{left}} \cdot G_{\text{left}} - w_{\text{right}} \cdot G_{\text{right}} \tag{4.18}$$

式中，w_k、w_{left}、w_{right} 分别为节点 k 以及其左右子节点训练样本个数与总训练样本个数之比；G_k、G_{left}、G_{right} 分别为节点 k 以及其左右子节点的不纯度。某一特征的重要性为：

$$f_i = \frac{\sum_{j=m} n_j}{\sum_{k=N} n_k} \tag{4.19}$$

式中，m 为在这个特征上切分的节点个数，N 为节点总个数，最后再将特征重要性标准化。

4.4.2　交通事故随机森林模型的训练与预测

交通事故影响因素涉及环境、人、车等因素，结合数据收集与文献查阅等方法，筛选了相关性较高的自变量作为预测交通事故的主要指标，见表 4.12。

表 4.12　　　　　　　　　　　　　**影 响 指 标**

时间	是否在白天
	事故季节
	是否是假期

续表

	风速
环境	温度
	天气状况
车辆	事故主要车辆类型
	事故次要车辆类型
原因	事故原因

对于本研究数据，需要进行数量化处理，其中"是否在白天"、"是否在假期"是布尔型变量，直接赋值0和1即可。对于其他本研究变量，依次编码数值。把事故严重程度作为因变量进行训练和预测，事故的严重程度是根据伤亡人数来确定的，见表4.13，其他数据同理。

表4.13　　　　　　　　　　**数据量化示例**

伤亡人数	严重程度	事故季节	赋值
1	1	春	1
2	2	夏	2
3	3	秋	3
>3	4	冬	4

本研究共统计了5618起交通事故样本，随机选取全部样本的80%作为训练样本，20%作为测试样本。随机森林模型中有两类需要调整的参数，两类参数分别来自装袋算法框架和分类回归树。

装袋算法框架有两个重要参数：①最大决策树个数，最大决策树个数太小或太大，可能会导致模型的欠拟合或过拟合，而且当该参数大到一定程度时，对模型的提升不会有明显的帮助。因此我们需要寻找一个合适的值，一般情况下默认是100；②袋外分数，袋外分数是随机森林模型泛化能力的直接体现，是评估一个模型好坏与否的重要标准。

分类回归树的参数主要用来控制决策树，防止决策树过拟合。决策树中最重要、对模型影响最大的4个参数：①决策树划分节点时考虑的最大特征个数，需要一个合适的值来控制决策树的生成速度和质量；②决策树允许的最大深度，在数据量和特征数较多的情况下决策树会很庞大，通过限制决策树的最大深度，

107

可以减小决策树，防止过拟合；③内部节点再划分所需的最小样本数，该参数值限制了决策树内部节点继续划分的条件，如果某个节点的样本数量小于这个值，则该节点处不会再选择最佳特征来进行划分；④叶子节点处含有的最小样本数，如果叶子节点处的样本数小于这个值，则应剪掉该节点和它的兄弟节点。

建立模型时用调参的过程和结果：将最大决策树个数的索引范围设置为（10，200），当最大决策树个数取 79 时，准确率最高，为 0.9982；将决策树划分节点时考虑的最大特征个数的索引范围设置为（1，10），当决策树划分节点时考虑的最大特征个数取 4 时，准确率最高，为 0.9986；将决策树允许的最大深度的索引设置范围为（1，50），当决策树允许的最大深度取 24 时，准确率最高，为 0.9984；将内部节点再划分所需的最小样本数的索引设置范围为（2，50），当内部节点再划分所需的最小样本数取 2 时，准确率最高，为 0.9986；将叶子节点处含有的最小样本数的索引设置范围为（1，50），当叶子节点处含有的最小样本数取 1 时，准确率最高，为 0.9986。

为了分析影响纽约交通事故的特征，输出特征重要性如图 4.6 所示，由此可知，风速、温度、事故原因、涉及车辆等指标对纽约交通事故的伤亡程度影响较大。

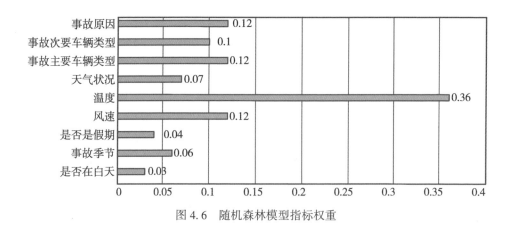

图 4.6　随机森林模型指标权重

为了验证模型的预测性能和泛化性能，利用测试集进行预测，准确率为 81.32%，测试集的拟合程度如图 4.7 所示。这意味着模型不仅对训练样本具有较好的拟合效果，对于测试集也具有较好的预测能力和泛化能力，由此验证了该模型在预测纽约市交通事故严重程度的可行性和有效性。

将全部样本代入模型，以此来预测纽约市的交通事故，准确率为 96.16%，拟合效果如图 4.8 所示。

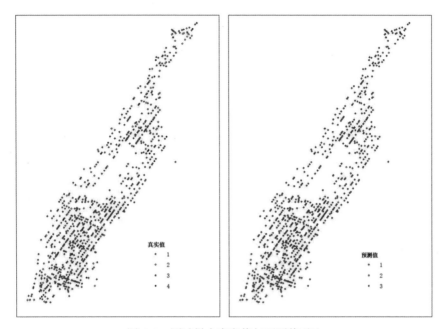

图 4.7 测试样本真实值与预测值对比

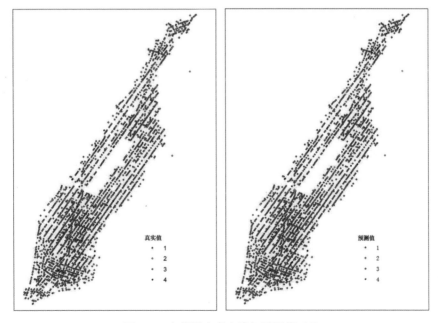

图 4.8 全部样本真实值与预测值对比

第5章 公共卫生事件的时空发展与多因素关联分析

公共卫生事件是指造成或者可能造成社会公众健康严重损害的重大传染病疫情、群体性不明原因疾病、重大食物和职业中毒以及其他严重影响公众健康的事件（薛澜等，2003）。自有人类文明记载以来，天花、霍乱、疟疾、流感、肺结核、鼠疫等各种疾病就不断地侵入人类群体中，造成损失惨重的后果。其中，天花历史悠久且杀伤力巨大，伴随着人类进入农耕时代开始扩散直至全球；14 世纪中期，黑死病席卷欧洲，导致约 2500 万人死亡。在进入 21 世纪后，世界范围内已出现多次重大传染病疫情，如 2003 年的重症急性呼吸综合征（SARS，传染性非典型肺炎）、2009 年的甲型 H_1N_1 流感、2012 年的中东呼吸综合征（MERS），以及 2019 年末出现的新冠肺炎。这些重大传染病疫情给人类生命健康带来极大威胁，对全球经济、社会带来深刻的影响。

随着无线网络和社交媒体活动的日益普及，利用大数据技术分析监测重大传染病现状和未来趋势，为准确判断形势发展和精准决策提供基础依据（陈敏颉等，2020），高效获取、分析舆情信息，有助于有效防范社会风险，及时化解公关危机（王芳等，2020）。

面对新发重大卫生事件，必须充分认识事件的"态"，通过科学手段及个人或集体的洞察力充分预测未来的"势"，并在此基础上做出决策。本章以美国新冠肺炎疫情为研究对象，进行疫情/舆情的发展态势分析、疫情防控与人口迁徙关联分析、多准则条件下的疫情风险评估和基于 SIR 模型的疫情传播分析。

5.1 纽约市疫情的发展态势分析

新型冠状病毒肺炎，简称"新冠肺炎"，世界卫生组织命名为"2019 冠状病毒病"，是指 2019 新型冠状病毒感染导致的肺炎。自疫情暴发以后，互联网成为监控疫情发展的最佳渠道。例如，美国约翰·霍普金斯大学系统科学与工程中心在 2020 年 1 月 22 日上线了"全球新冠病毒扩散地图"（https：//coronavirus. jhu. edu/map. html），该系统发布的数据主要来自世界卫生组织、美国疾控中心、欧洲疾控中心、Worldometers. info 网站、BNO 通讯社、美国各州各地区卫生部门以及中国卫健委、"丁香园"网站等，网站最高一日拥有 20 亿次的点击量。通过分析新冠肺炎疫情的影响范围，以及网络舆情对于疫情的关注，有利于认清新发疫情的发展态势。

现有研究利用网络舆情数据以及节点感染数据隐含的复杂网络关系构建有向边，建立重大公共安全事件下的网络模拟演化链（黄爱玲，2014），对灾害节点以及整张网络进行风险性评估，并利用社区划分算法进行地理划分，发现其中社区内部的感染影响远高于社区之间的感染影响（刘爱华等，2015）。本节将利用复杂网络模型，分析不同的联系度尺度下网络节点之间的空间交互情况，探讨具有确诊病例的小区对周边小区的影响。

5.1.1 疫情的时空发展分析

2020 年 3 月 11 日，世界卫生组织总干事谭德塞宣布，当前新冠肺炎疫情可称为全球大流行，全球每日确诊病例及死亡病例增长趋势如图 5.1 所示。3 月 13 日，世界卫生组织总干事称欧洲已经成为疫情的中心，欧洲多个国家的病例数快速增长并宣布采取严格的措施来应对新冠肺炎疫情；4 月 4 日，全世界已经有 100 多万例确诊病例，即在不到一个月的时间内增长了 10 倍以上。

与此同时，美国疫情也呈现了爆发式的增长，每日确诊病例及死亡病例增长趋势如图 5.2 所示，最严重的一天确诊病例超过 30 万例，美国的部分州也相继出台了一些措施，如启动应急医疗资金和严格的"居家令"等，以此阻止疫情的进一步蔓延。

截至北京时间 2020 年 12 月 16 日，全球已有超过 200 个国家和地区 7300 余万人确诊，疫情分布如图 5.3 所示，超过 160 万人死亡，其中确诊人数最多的美国有 1670 余万人确诊，超过 30 万人死亡。

将 2020 年 3 月至 11 月逐月美国各州确诊率数据进行全局莫兰指数分析，对所得分析结果进行随机性检验，检验结果见表 5.1。可以看出，3 月至 11 月逐月都呈现出很好的全局空间正自相关性，病例分布有较强的空间聚集性。所得到的逐月莫兰指数值均大于 0，保持在 0.280～0.710 之间，Z 值均大于 1.96，P 值均小于 0.05，具有统计学意义。3 月空间自相关性最弱，莫兰指数值为 0.280；11 月空间自相关性最强，莫兰指数值为 0.710。

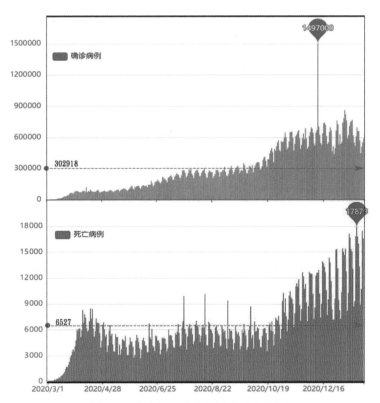

图 5.1　全球每日确诊病例及死亡病例

表 5.1　　　2020 年 3~11 月逐月确诊率全局自相关随机性检验结果

月份	I	$E(I)$	Mean	Sd	Z-value	P-value
3	0.280	-0.0208	-0.0176	0.0721	4.1208	0.002
4	0.522	-0.0208	-0.0290	0.0925	5.8514	0.001
5	0.378	-0.0208	-0.0225	0.0983	4.0696	0.001
6	0.445	-0.0208	-0.0221	0.0905	5.1477	0.001
7	0.646	-0.0208	-0.0195	0.0961	6.9225	0.001
8	0.649	-0.0208	-0.0210	0.0972	6.8944	0.001
9	0.491	-0.0208	-0.0197	0.0963	5.3032	0.001
10	0.565	-0.0208	-0.0198	0.0941	6.2200	0.001
11	0.710	-0.0208	-0.0207	0.0972	7.5174	0.001

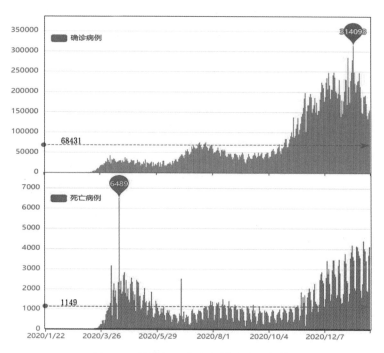

图 5.2 美国每日确诊病例及死亡病例

对美国各州 2020 年 3~11 月逐月确诊率数据进行局部空间自相关分析，其中 7~8 月在美国东南部呈现高-高聚集，9~11 月在中北部呈现高-高聚集。

5.1.2 纽约疫情的发展态势

截至 2020 年 10 月 5 日，纽约市已报告超过 252000 例新冠肺炎确诊病例和 23861 例死亡病例，是美国受灾最严重的地区。2020 年 3 月，纽约市首次确诊新冠肺炎病例。后来的研究表明，该病毒自 1 月以来已经在纽约地区传播，社区传播病例早在 2 月就已得到确认。3 月 20 日，州长办公室发布行政命令，关闭非必要企业，仍然开放公共交通系统。疫情对纽约造成了严重的经济损失，据统计，纽约地区的商业租金比上一年下降了 13%。

如图 5.4、图 5.5 所示，我们列出了纽约市送检样本数和病毒阳性检出率的分布情况，疫情最严重的街道每 100 份送检样品中有 48 份样品核酸检测呈阳性。

依照时间属性对纽约市的疫情发展关键节点进行梳理，将其划分为 6 个阶

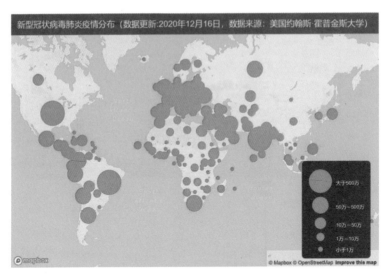

图 5.3　新冠肺炎确诊病例全球范围的空间分布

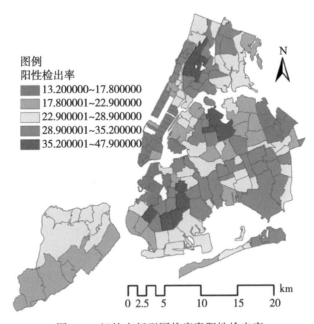

图 5.4　纽约市新型冠状病毒阳性检出率

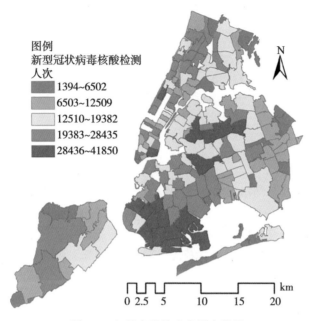

图例
新型冠状病毒核酸检测
人次
1394~6502
6503~12509
12510~19382
19383~28435
28436~41850

N

km
0 2.5 5   10   15   20

图 5.5　纽约市送检病毒样本数量

段：①3 月 1 日，一名 39 岁的纽约妇女从伊朗旅行归来，成为纽约州首例新冠肺炎确诊病例；②3 月 14 日，该州首批 2 例新冠肺炎患者死亡；③3 月 23 日，纽约市新冠肺炎确诊病例超过 12000 例，占美国所有确诊病例的 35%；④4 月 2 日，纽约的确诊数量达到 92381 例，超过整个中国全部确诊病例人数；⑤5 月 25 日，明尼苏达州的乔治·弗洛伊德（George Floyd）在明尼阿波利斯（Minneapolis）的一次逮捕中被杀，此事件影响波及各地，并在三天内在纽约产生影响；⑥6 月 3 日，警方宣布，迄今为止，抗议逮捕总数已达到 2000 人左右，其中包括 500 起入室盗窃逮捕。

5.1.3　疫情数据的复杂网络建模

利用街道感染数据，依照引力模型构建街道之间的交互联系，以一定的阈值对交互边进行筛选（单勇，2018），以疫情街道作为网络节点，筛选后的节点之间的邻接关系构成网络的边，这样就构成了一个较为复杂的网络结构，这个网络结构甚至可能包含一件真实事件的大部分信息，网络结构的连接边隐含了疫情事件的变化趋势（如感染与讨论的地理重心迁移），解析这个结构可以从中挖掘到更多有价值的信息（感染社区地理划分、观点地理演化趋势、情绪演化趋势）。

复杂网络是大量真实复杂系统的拓扑抽象，可以用一张图来构建模型，$G=(V, E)$。其中，V 代表复杂网络所有节点的集合，E 代表所有边的集合，其中 m 为确定的节点数目，$N_{i,j}$ 代表第 i 个空间节点至第 j 个空间节点的联系度，$N_{i,j}$ 越大代表地区之间的关联性越强。

$$V = \begin{bmatrix} N_{11} & \cdots & N_{1m} \\ \vdots & & \vdots \\ N_{m1} & \cdots & N_{mm} \end{bmatrix}_{m \times m} \quad (5.1)$$

一个典型的复杂网络是由若干个节点以及之间不同权重的连接边构成的，而复杂网络内部又由若干个社区组成，同一社区内节点之间的互动会比在不同社区之间更加频繁（聂琦，2018）。为了构建复杂网络的边联系，利用基本的引力模型（又称重力模型、场强模型）来进行计算，引力模型构建的网络边表示小区之间的互相诱发作用。

引力模型是地理学的经典模型之一，基于地理学定律"所有的事物或现象在空间上都是有联系的，但相距近的事物或现象之间的联系一般较相距远的事物或现象间的联系要紧密"，被运用于空间布局、旅游、人口迁移等方面（房艳刚，2006）。该模型效仿牛顿万有引力定律，即两物体间的引力与两物体的质量之积成正比，而与它们之间距离的平方成反比类推得到。其基本思路可简单地描述为：两地间的引力与两地间某种规模量之积成正比，与两地距离的平方成反比。

在不同的应用场景上，两地规模量常有不同的表现形式。在旅游领域，两地规模量通常代表目的地的旅游供给水平和出游地的旅游需求水平；在两地空间联系方面，两地规模量通常以两地 GDP、总人口的形式表示；在兴趣推荐研究中，该规模量被表示为兴趣点签到次数（Fonseca, et al., 2006）。本章以小区确诊人数作为规模量进行计算：

$$A_{i, j} = \frac{K D_i D_j}{d_{i, j}^2} \quad (5.2)$$

式中，参数 A 代表小区之间的联系度，D 代表小区感染确诊数据，d 代表小区之间的空间距离。

社区结构是复杂网络的一个重要拓扑结构特征，利用一种基于多层次优化的模块度 Louvain 算法对复杂网络的社区结构进行解析（张岩等，2020），发现小区间联系紧密且存在社区化或群组化的结构，具有速度快、效率高的优点。本研究利用疫情社区数据，通过模块度最优化和网络聚合两个步骤来划分舆情社区。

模块度是定义社区结构程度的评价指标，其数学定义如下（程学旗等，2011）：

$$Q = \frac{1}{2m} \sum_{i,\,j} \left[A_{i,\,j} - \frac{k_i k_j}{2m} \right] \delta(C_i,\ C_j) \tag{5.3}$$

式中，$A_{i,\,j}$代表节点i与j之间的边的权重；k_i代表节点的度；m代表复杂网络中节点的总数；C_i代表节点为i的社区。

将每个社区数据看做独立社区，初始社区数与舆情社区数相同。在此基础上基于模块度增益对所有节点进行融合凝聚，直至达到模块度局部最大值，即没有任何节点可以提高网络模块度为止，社区结构不再发生改变。最后，对社区结果进行压缩，将其内部节点权重转化为新的节点和权重，原社区间边的权重转换为节点间的权重。该地理传播算法如图5.6所示。

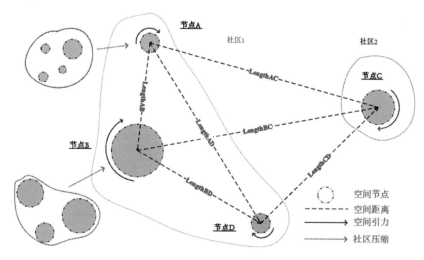

图5.6　社区压缩与空间引力示意图

除模块度之外，复杂网络还有以下一些性质：

①节点的度：有向图中，以某节点的弧尾条数为节点的出度，某节点的弧头条数为节点的入度，节点的度＝出度＋入度。出入度表示疫情的关联度，其中入度表示导致节点感染的诱因事件，出度表示该节点引发的感染事件，其数值由系统网络拓扑结构确定。节点出度越大，则该节点对周边造成的后果越严

重；入度越大，则导致该节点的途径越多，控制难度越大。

②在复杂网络图中，图密度越大表示网络连接越紧密；模块度越大表示社区结构越明显；网络直径越小表示点之间的可达性越好；介数中心度量化了某节点在点对之间短路径上的联通能力（骆志刚等，2011）。一般来说，节点的出度越大表明该事件在公共卫生事件演化链网络中的影响越广泛，事件造成的后果越严重，是公共卫生事件灾情演化网络的中心节点；节点的入度越大表示事件的路径越多，控制难度越大，属于公共卫生事件灾情演化发展的关键节点（陆文慧，2019）。而介数中心度最大的节点与后续诱发的公共卫生事件联系的紧密程度最高。

本章基于引力模型，对微博复杂网络进行建模，在不同的联系度尺度下绘制节点之间的空间交互情况，如图 5.7 所示。以一个基本假设来进行推演，有确诊病例的小区对周边小区的影响作用，且这种影响随着确诊病例的数目的增加而增强，随着节点之间的距离的增加而减弱。那么疫情节点之间构成了一个互相影响的灾害传播链，利用复杂网络建模，希望发现传染链的社区结构。

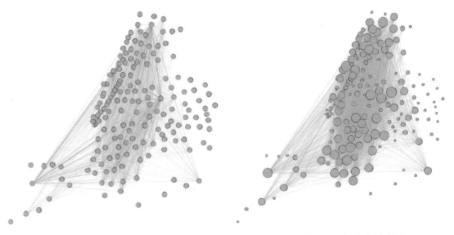

图 5.7　纽约市街道之间互相影响关系（节点越大代表街区确诊人数越多，连接边颜色越深代表街区之间的影响越紧密）

出度高的节点对病毒在网络中的传播有很大的影响，关键节点在疫情地理传播过程中的作用示意图如图 5.8 所示。且此类节点越多，病毒就越容易传播，确诊人数也会增加得越快。因此，控制这些地理节点是阻止新一轮病毒传播的有效方法。

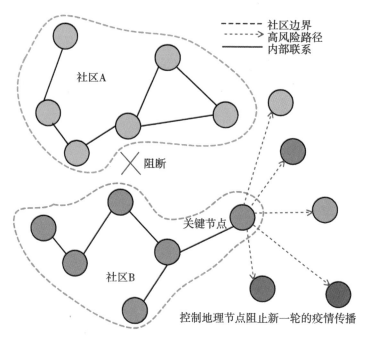

图 5.8 关键节点在疫情地理传播过程中的作用

　　根据复杂网络的特征，社区内的节点紧密相连，社区之间节点联系稀疏，这为预防和控制提供了可能性。通过控制几个社区间的紧密联系路径与关键地理节点，可以有效地防止社区间的交叉感染，阻止新一轮病毒的传播。

5.2　纽约市疫情空间分析

　　空间自相关是指地理事物分布于不同空间位置的某一属性值之间的统计相关性，通常距离越近的两值之间相关性越大。空间自相关分析可以分为全局空间自相关分析和局部空间自相关分析。全局自相关是探测全局范围内是否存在自相关性，但是并不能分析出聚集的位置和类型，而局部自相关分析可以探测聚集的具体位置和类型，聚集类型分为高-高（H-H）聚集、低-低（L-L）聚集、高-低（H-L）聚集以及低-高（L-H）聚集。

　　进行空间自相关分析的第一步是创建空间权重矩阵。该矩阵 W 为 $n \times n$ 的矩阵，其中矩阵的元素 w_{ij} 表示地区 i 和 j 之间的权重值。当地区 i 和 j 之间为邻接关系时，空间权重 w_{ij} 不为 0；当二者之间不为邻接关系时，空间权重都为

0，对角线权重为自邻关系，因此空间权重矩阵的对角线权重值都为 0。基于邻接关系的空间权重矩阵的类型分为两种，分别是 queen 邻接和 rook 邻接，其中 queen 邻接定义比 rook 邻接更为细致，是将具有公共边界或者节点的两个空间对象的权重定为 1，而 rook 邻接只关注是否具有公共边界，并不关注公共节点。

$$W = \begin{bmatrix} w_{11} & w_{12} & \cdots & w_{1n} \\ w_{21} & w_{22} & \cdots & w_{2n} \\ \vdots & \vdots & & \vdots \\ w_{n1} & w_{n2} & \cdots & w_{nn} \end{bmatrix} \tag{5.4}$$

5.2.1　全局自相关分析

全局莫兰指数 I 是评价全局自相关性最常用的指标。其计算公式如下：

$$I = \frac{n \sum_{i=1}^{n} \sum_{j=1}^{n} w_{ij}(x_i - \bar{x})}{\left(\sum_{i=1}^{n} \sum_{j=1}^{n} w_{ij} \right) \sum_{i=1}^{n} (x_i - \bar{x})^2}, \quad (i \neq j) \tag{5.5}$$

式中，w_{ij} 为空间权重；n 为对象的数量，在本研究中是指美国的州级行政区；x_i 为在位置 i 上的属性值；x_j 为在位置 j 上的属性值，$j \neq i$，属性值即为每个州的新冠肺炎发病率数据；$\bar{x}$ 为 n 个位置上属性值的平均数。

莫兰指数 I 的取值范围为 $(-1, 1)$，如果值为正表示空间对象的属性值的分布具有正相关性，负值表示该空间对象的属性值分布具有负相关性，0 则表示空间对象的属性值不存在空间相关，即空间随机分布。

全局莫兰指数 I 需要进行零假设检验，首先假定研究对象不存在空间相关性，然后通过 Z 得分检验来验证假设是否成立。Z 得分可以由莫兰指数 I 系数及其期望值和方差计算得到：

$$Z = \frac{|I - E(I)|}{\sqrt{\mathrm{Var}(I)}} \tag{5.6}$$

在零假设条件下（即不存在空间相关性），期望值为：

$$E(I) = \frac{-1}{n-1} \tag{5.7}$$

当 n 趋于无穷大时，期望值为 0。莫兰指数 I 的方差有两个假设：空间对象属性取值的正态分布假设和空间对象随机分布假设。当为正态分布时，方差为：

$$\mathrm{Var}(I) = \frac{1}{(n-1)(n+1)S_0^2}(n^2S_1 - nS_2 + 3S_0^2) - E(I)^2 \qquad (5.8)$$

式中，$S_0 = \sum_{i=1}^{n}\sum_{j=1}^{n} w_{ij}$，$S_1 = \frac{1}{2}\sum_{i=1}^{n}\sum_{j=1, j\neq i}^{n}(w_{ij}+w_{ji})^2$，$S_2 = \sum_{i=1}^{n}\left(\sum_{j=1}^{n} w_{ij} + \sum_{j=1}^{n} w_{ji}\right)$。

当为随机分布假设时，方差为：

$$\mathrm{Var}(I) = \frac{n[(n^2-3n+3)S_1 - nS_2 + 3S_0^2] - b_2[(n^2-n)S_1 - 2nS_2 + 6S_0^2]}{(n-1)^{(3)}S_0^2} - E(I)^2$$

$$(5.9)$$

式中，$(n-1)^{(3)} = (n-1)(n-2)(n-3)$，$b_2 = \dfrac{n\sum_{i=1}^{n}(y_i-\bar{y})^4}{\left(\sum_{i=1}^{n}(y_i-\bar{y})^2\right)^2}$。

一般情况下，当 $|Z|>1.96$ 时，拒绝零假设，即在 95% 的概率下认为存在着空间自相关性。

以 2020 年 12 月下半月至 2021 年 3 月上半月这一时间段美国纽约市 177 个街区的新冠肺炎发病率数据为数据源进行全局自相关分析，每半个月为一个时间周期，分析结果见表 5.2。从表 5.2 可以看出，莫兰指数 I 的值均大于 0，且 $|Z|>1.96$，说明发病率数据呈现出明显集聚特征，P 值为 0.001，则说明这组数据随机生成的概率很小。莫兰指数 I 指数值范围在 0.7439~0.79525 之间，表示纽约街区的新冠肺炎发病率存在正向的自相关关系。

表 5.2　　　　　　　　　　全局自相关分析结果

时间段	I	$E(I)$	Mean	Sd	Z-value	P-value
12 月下半月	0.7557	−0.0057	−0.0055	0.0540	14.0945	0.001
1 月上半月	0.7952	−0.0057	−0.0065	0.0532	15.0662	0.001
1 月下半月	0.7761	−0.0057	−0.0063	0.0513	15.2523	0.001
2 月上半月	0.7642	−0.0057	−0.0058	0.0516	14.9151	0.001
2 月下半月	0.7439	−0.0057	−0.0065	0.0513	14.6341	0.001
3 月上半月	0.7631	−0.0057	−0.0060	0.0525	14.6593	0.001

　　图 5.9 是 2020 年新冠肺炎确诊病例率全局自相关莫兰散点图,每个点代表了一个街区的集聚类型,第一象限为高-高集聚区,第二象限为低-高聚集区,第三象限为低-低集聚区,第四象限为高-低集聚区。大部分点位于一、三象限,斜率为正,表示正的空间自相关性。

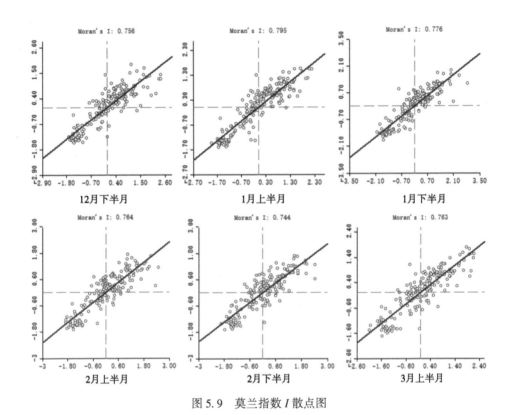

图 5.9　莫兰指数 I 散点图

5.2.2　局部自相关分析

　　全局自相关只是探测空间对象的某一属性值整体上是否存在相关性,而局部自相关分析可以探测局部空间是否存在空间自相关性。在实际研究中,局部莫兰指数 I 是将全局莫兰指数 I 方法分解到局域空间上,针对每一个分布的对象,有

$$I_i = \frac{y_i - \bar{y}}{S^2} \sum_j^n \boldsymbol{w}_{ij}(y_j - \bar{y}) \tag{5.10}$$

式中，S^2 为 y_i 的离散方差；$\bar{y}$ 为均值；w_{ij} 为权重矩阵。在假定空间对象的属性值属于空间随机分布的零假设下，局部莫兰指数 I 值，即 I_i 的期望值和方差分别为：

$$E(I_i) = -\frac{1}{n-1}\sum_{j}^{n} w_{ij} \tag{5.11}$$

$$\mathrm{Var}(I_i) = \frac{(n-b_2)}{n-1}\sum_{j=1,\,j\neq i}^{n} w_{ij}{}^2 + \frac{(2b_2-n)}{(n-1)(n-2)}\sum_{k=1,\,k\neq i}^{n}\sum_{h=1,\,h\neq i}^{n} w_{ik}w_{ih} - [E(I_i)]^2$$

$$\tag{5.12}$$

式中，$b_2 = \dfrac{\sum\limits_{j}^{n}(y_i-\bar{y})^4}{[\sum\limits_{j}^{n}(y_i-\bar{y})^2]^2}$。由单个空间对象取值的局部莫兰指数 I 值的 Z 得

分统计检验，可以得出该空间对象属性值在全局空间对象属性取值的聚集或分散的分布状态中所起到的作用，即是否促进高值与高值的空间相邻或者高值与低值的空间相间分布。

同样以 2020 年 12 月下半月至 2021 年 3 月上半月美国纽约市 177 个街区的新冠肺炎确诊病例数据为数据源进行局部自相关分析，每半个月为一个时间周期，分析结果如图 5.10 所示，图中红色区域代表高-高集聚区，蓝色区域代表低-低集聚区。可以发现，这几个月呈现高-高集聚的区域主要集中在布朗克斯区的中南部地区、施泰登岛的中部地区、布鲁克林区的南部地区以及皇后区的中南部地区；低-低集聚区主要集中在曼哈顿的南部地区以及布鲁克林区的西部小部分街区。

5.2.3 核密度估计

核密度用于计算点、线要素在指定邻域范围内的单位密度，它可以直观地反映出离散值在连续区域内的分布情况。

利用核密度估计对 2021 年 3 月 9 日至 3 月 15 日纽约市各街区的确诊病例进行核密度分析，病例数为属性值，分析结果如图 5.11 所示，红色区域代表核密度值最大，绿色区域代表核密度值最小，其中核密度较高的区域位于布鲁克林南部、皇后区西部以及布朗克斯西部地区的部分街区。

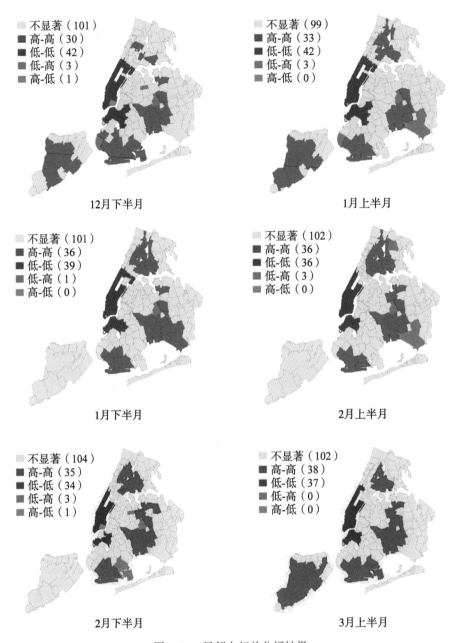

不显著（101）
高-高（30）
低-低（42）
低-高（3）
高-低（1）

12月下半月

不显著（99）
高-高（33）
低-低（42）
低-高（3）
高-低（0）

1月上半月

不显著（101）
高-高（36）
低-低（39）
低-高（1）
高-低（0）

1月下半月

不显著（102）
高-高（36）
低-低（36）
低-高（3）
高-低（0）

2月上半月

不显著（104）
高-高（35）
低-低（34）
低-高（3）
高-低（1）

2月下半月

不显著（102）
高-高（38）
低-低（37）
低-高（0）
高-低（0）

3月上半月

图 5.10　局部自相关分析结果

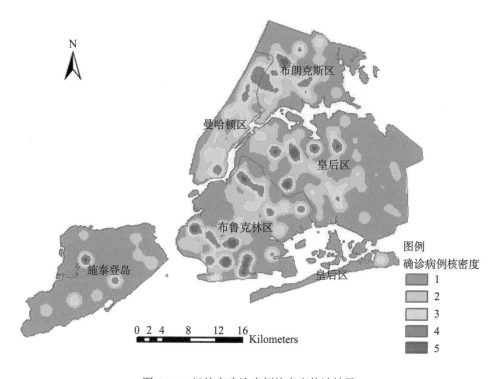

图 5.11　纽约市确诊病例核密度估计结果

5.3　多准则条件下的疫情风险评估

5.3.1　疫情评估指标与评估方法

　　传统的风险区域检验可以通过一些开源数据进行风险评估，本研究基于公共安全三角形理论，构建了包括"传染源""传播途径""易感人群"和"防范能力"4 项一级指标，包括"市场""温度""医疗设施""文化设施"、"人口密度""人口流动性""道路线密度"等二级指标的疫情风险评估模型（考虑到疫情发生后许多兴趣点存在关闭情况，但病毒存在潜伏期且模型计算的是事后状态，故也将其纳入讨论）。模型处理需要先将数据离散化再进行分级，不同的数据分级可能对实验结果产生不同的影响。经过反复测试，将所有的评估指标进行自然断点划分，划分为 10 个级别。

上面谈到的参数都是为了评估疫情的风险性，利用社区感染情况来进行模型的拟合。利用社区感染数据进行插值，作为模型检验的因变量。

5.3.2　地理探测器与风险探测

地理探测器是由一套探测空间分布异质性并揭示其背后驱动力的统计学方法组成（Song W，et al.，2020），包括风险探测、因子探测、生态探测和交互探测 4 个部分内容。其中，风险探测主要探索风险区域位置在哪里，因子探测用于识别什么因素造成了风险，生态探测主要解释风险因子的相对重要性如何，交互探测可以解释影响因子是独立起作用还是具有交互作用（王劲峰等，2010）。其基本假设为：如果某个自变量对某个因变量有重要影响，那么自变量和因变量的空间分布应该具有相似性。其理论核心是通过计算空间异质性来探测因变量与自变量之间空间分布格局的一致性，并由此来衡量自变量对因变量的解释度。常用的地理探测手段如本研究用到的莫兰指数与地理加权回归，热点探测 G 函数、空间扫描统计、空间贝叶斯模型等，基本流程是给研究空间赋予矢量边界，划分矢量边界的方法如格网划分、行政边界划分、泰森多边形划分等，每个矢量多边形都具有一系列属性值，并以矢量多边形为对象研究导致因变量的主要驱动要素（李若倩等，2020）。

地理探测器在空间范围上有着广泛应用，可以用来探究人口格局演化（周亮等，2017）、租金空间分布（王银苹，2019）、环境适宜度评价（王森等，2018）、经济差异影响（王劲峰等，2017）等。归纳起来，地理探测器可以为三方面使用：①度量给定数据的空间分异性；②寻找变量最大的空间分异；③寻找因变量的解释变量。

为评估纽约市的疫情风险，本研究选取文化设施密度、医疗设施密度、学校密度、道路线密度、人口密度作为影响因素，进行分析，核密度估计结果如图 5.12 所示。在进行地理探测器计算时，采用的数据离散分级方法为自然断点分级法，划分为 10 个级别。评估方法采用常用的核密度估计。

表 5.3 为纽约市的疫情风险单一因子探测结果，可以发现文化设施密度是决定疫情风险的最主要因素，其次为学校密度。医疗设施密度、人口密度、道路线密度对疫情风险的影响相对较小。可以解释为，由于美国并无严格的居家隔离措施，故社交活动发生较多的场所是疫情传播的主要场合。

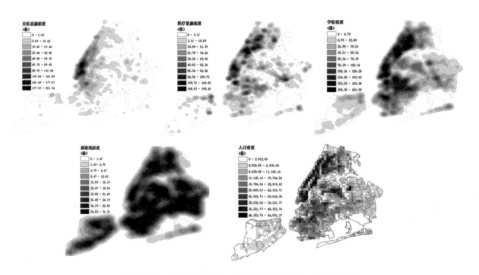

图 5.12　五类疫情影响因素的核密度估计结果

表 5.3　　　　　　　　　　疫情风险单一因子探测结果

	文化设施密度	学校密度	医疗设施密度	人口密度	道路线密度
q 统计值	0.271909	0.162038	0.084709	0.071593	0.053583
p 值	0.000	0.000	0.033484	0.000	0.044837

对纽约市的疫情风险的不同要素进行交互探测，得到两两变量交互作用后的 q 值，见表 5.4。

表 5.4　　　　　　　　　　疫情风险因子交互探测结果

	文化设施密度	学校密度	医疗设施密度	人口密度	道路线密度
文化设施密度	0.271909				
学校密度	0.322474	0.162038			
医疗设施密度	0.313229	0.226087	0.084709		
人口密度	0.331781	0.276399	0.159827	0.071593	
道路线密度	0.322194	0.241345	0.155341	0.179105	0.053583

　　风险探测是检验不同层级要素的社区感染情况之间是否存在统计差异的判断，采用置信度为 0.05 的 t 检验。地理探测器的结果第一行为不同的区域，在本研究中代表不同的分级。第二行是在每个类型区内的感染情况。表格表示不同区间之间发病率差异是否具有统计学差异。表 5.5 是针对文化设施密度这一指标进行的分析，其余 4 个指标类似。

表 5.5　疫情生态探测结果

1	2	3	4	5	6	7	8	9	10
8853.41	8852.19	7889.22	6020.596	4873.109	4180.495	4670.651	4569.556	4678.875	4813.355

Sig. t test: 0.05

	1	2	3	4	5	6	7	8	9	10
1										
2	N									
3	N	Y								
4	N	Y	Y							
5	Y	Y	Y	Y						
6	Y	Y	Y	Y	N					
7	Y	Y	Y	Y	N	N				
8	Y	Y	Y	Y	N	N	N			
9	Y	Y	Y	Y	N	N	N	N		
10	Y	N	N	N	N	N	N	N	N	

5.3.3　基于决策树的疫情风险评估

　　决策树有 ID3, C4.5 和 C5.0 等多种划分方法，是一种树状划分状态，在每一个节点进行条件的判断，按照一定的划分标准最终生成决策结果，其目的是为了解决机器学习中的多分类问题（方匡南等，2011），本节采用信息增益最大化（ID3 法）来进行树的划分。

　　ID3：由增熵（Entropy）原理来决定哪个做父节点，哪个节点需要分裂。

对于一组数据, 熵越小说明分类结果越好 (黄文, 2007)。熵定义如下:

$$\text{Entropy} = - \text{sum}\ [\,p(x_i) \cdot \log_2^{P(x_i)}\,] \tag{5.13}$$

式中, $p(x_i)$ 为 x_i 出现的概率。

针对最简单的 2 分类问题, 第一类与第二类各占一半的时候:

$$\text{Entropy} = - (0.5 \cdot \log_2^{0.5}) + 0.5 \cdot \log_2^{0.5} = 1 \tag{5.14}$$

当只有第一类或者只有第二类时:

$$\text{Entropy} = - (1 \cdot \log_2^{1}) + 0 = 1 \tag{5.15}$$

所以 Entropy 介于 0 与 1 之间, 当值取 1 时, 分类效果最差, 熵等于 0 是理想状态, 当值取 0 时, 分类效果最好。依照 2/8 的划分准则, 从 768 个网格中随机抽取一部分作为训练。决策树的训练集中训练得分为 0.968, 测试集中测试得分为 0.767。随着树的深度加深, 当树深为 10 时, 在测试集中得分较高, 而随着树的深度继续加深, 并没有更好的提升, 如图 5.13 所示。

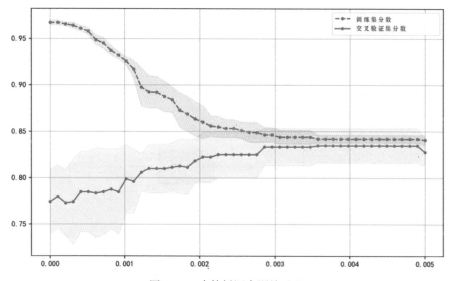

图 5.13 决策树调参训练过程

当节点的 Gini 指标小于等于某个阈值时, 则表示该节点不需要进一步拆分, 否则需要生成新的划分规则。利用纽约地区不同社区的属性对社区确诊人数驱动要素进行分析, 最终总结出合适的规则。

5.4　基于 SIR 模型的疫情传播分析

对于重大疫情，传统的经验分析往往具有局限性，需要通过数学建模及其相关分析方法确定疫情的传播趋势，预测疫情的演化规律，为应对决策提供依据，在有限资源的基础上对控制措施进行优化，随着传染病动力学的发展，如何利用简单的常微分方程组动力学模型，以通用的形式在疫情暴发早期对基本再生数进行求解，对疫情的演化规律做出简要的判断是十分必要的。

5.4.1　SIR 模型的基本原理及其模型扩展

利用数学模型来了解传染病动力学有着非常丰富的历史。在 1927 年，Kermack 和 McKendrick 在他们开创性的论文中介绍了 S（易感者）-I（感染者）-R（康复者）模型，并提出了用于此标准的 SIR 模型的常微分方程组的一系列严格假设（Bartlett M S，1958）。经典的 SIR 模型是一种基于严格假设的模型，假设人口中出生率和自然死亡率相等，且不考虑种群的迁入、迁出等人口流动因素，假设在该模型中可以忽略由疾病导致的死亡率，即只考虑发病率而不考虑致死率，这些假设都是为了营造一个封闭的传染病模型，即模型中的总人口数不变。同一类人群划分为一个仓室，每个仓室的人群，以一定的规律在各个仓室之间移动，如图 5.14 所示。

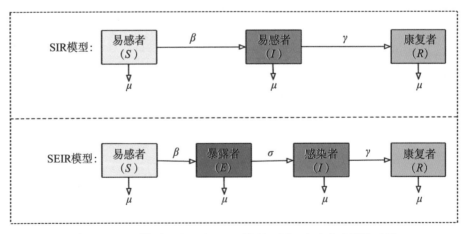

图 5.14　SIR 模型（上）和 SEIR 模型（下）各仓室人群流动图

每个感染者都具有传染力，当他们与易感人群接触时，就有可能将疾病传染给易感者，接触率与总人口数成正比。假设感染者个体和其他所有个体独立且随机分布，当人口总数量很大时，每个感染者在单位时间内能够接触到的易感者数目是有限的。易感者一旦被感染则直接移入染病者仓室（即不考虑潜伏期），并在感染者仓室中停留平均 $1/\gamma$ 的时间。SIR 模型可以用微分方程表示：

$$
\begin{cases}
\dot{S} = -\beta S \dfrac{I}{N} \\[2mm]
\dot{I} = \beta S \dfrac{I}{N} - \gamma I \\[2mm]
\dot{R} = \gamma I \\[2mm]
N = S + I + R
\end{cases}
\tag{5.16}
$$

式中，N 是人口总数；S 是易感人群数；E 是潜伏期人数；I 是感染人数；R 是康复人数；μ 是死亡人数；β 是易感人群的感染概率；γ 是治愈率；I/N 是 S 与 I 的有效接触率。

在传染病的动力学建模中，传染率系数是一个十分重要的参数，分为标准传染率系数和双线性传染率系数。双线性传染率系数假定每个感染者在单位时间内感染的易感者数目与研究环境中的总人口数成正比（夏智强，2016），标准传染率系数假定每个感染者在单位时间内感染的易感者数目是一个固定值。在研究范围较大，总人口较多的情况下，采用标准传染率系数更加准确可靠。新冠肺炎以及一些季节性流感，染病者在染病初期并不会表现出症状，这段时间称为潜伏期，增加暴露者人群（exposed）的动力学模型为 SEIR 模型，人群各仓室之间的移动如图 5.14 所示，计算公式为：

$$
\begin{cases}
\dot{S} = -\beta S \dfrac{I}{N} \\[2mm]
\dot{E} = \beta S \dfrac{I}{N} - \sigma E \\[2mm]
\dot{I} = \sigma E - \gamma I \\[2mm]
\dot{R} = \gamma I \\[2mm]
N = S + E + I + R
\end{cases}
\tag{5.17}
$$

式中，E 是暴露者人数；σ 是潜伏期患者转化为感染者的比率。

通过起始值、时间值等参数设置，根据 SIR 模型的假设和反映移动规律的微分方程，可以模拟出在一段时间内各个仓室人群的人口变化规律。计算伪代码如算法 5.1 所示：

算法 5.1　SIR 模型

输入：模型参数值 μ，β，γ；模型总人口数 N；各仓室真实人数 S，I，R；

输出：各时间点的各仓室人口数 Susceptible，Infective，Removal；

SIR（μ，β，γ，N，S，I，R）；

1	initial i = 0 and j = 0;
2	initial Susceptible，Infective，Removal;
3	while i ≤ 30 do:
4	$dS = \mu * (N-S) - \beta * S * I/N$;
5	$dI = \beta * S * I/N - (\mu+\gamma) * I$;
6	$dR = \gamma * I - \mu * R$;
7	i ← i+0.1;
8	Susceptible [j] ← S+dS; Infective [j] ← I+dI; Removal [j] ← R+dR;
9	j ← j+1;
10	S ← S+dS; I ← I+dI; R ← R+dR;
11	end
12	return Susceptible，Infective，Removal

5.4.2　SIR 模型的应用实例

设易感者、感染者及恢复者仓室的初始人口占比分别为 0.999，0.001，0。假设出生率和死亡率相等，即构造一个封闭式的 SIR 模型，传染率为 2，恢复率为 0.5，通过以上算法模拟 20 年间各仓室的人口占比演化规律，如图 5.15 所示，实线表示易感者人数的演化轨迹，虚线表示感染者人数的演化轨迹，点线表示恢复者人数的演化轨迹。由各仓室随时间的演化规律可以看出，传染病在最初呈现指数增长形式，随后由于易感者的减少而开始减速，最后由于易感者的数量过少，无法维持传播链从而导致疾病逐渐消亡。

在实际建模过程中，需要先利用疫情数据对模型进行数据拟合，从而求得模型参数。以美国新冠疫情数据为例，利用截止到 2020 年 7 月 27 日的美国每

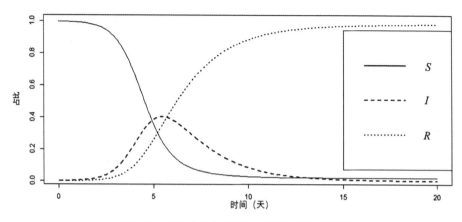

图 5.15 SIR 模型各仓室占比演化规律模拟图

日累计确诊、恢复及死亡病例数对 SIR 模型的参数进行最小二乘求解，得到传播率为 0.153876，如图 5.16 所示。

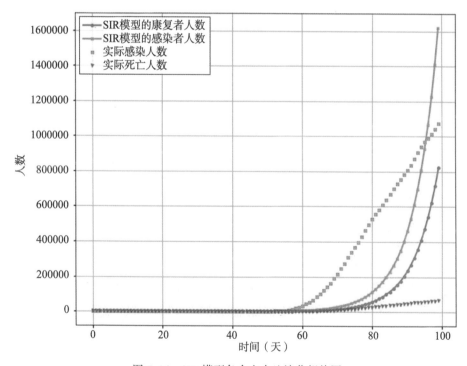

图 5.16 SIR 模型各仓室占比演化规律图

完整的 SIR 模型的各仓室占比图如图 5.17 所示，传播率概率分布图如图 5.18 所示。

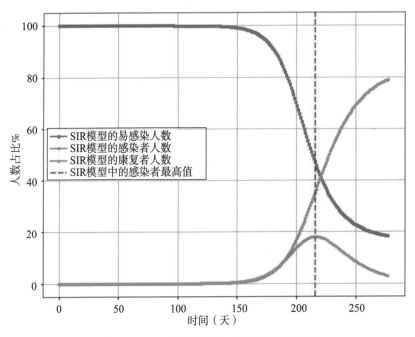

图 5.17　SIR 模型的各仓室占比演化规律图

5.4.3　基本再生数的计算

在理想状态下（完全的易感者人群环境中），一个感染者个体在传染期内所能感染的易感者人数的平均数称为基本再生数（祝光湖，2013），用 R_0 表示，R_0 =单位时间接触人数·传染概率·传染期。基本再生数是评价疾病流行程度的重要指标，在疾病动力学的研究中，R_0 的求解一直是人们关注的焦点所在。

简单的估计 R_0 的方法就是根据累计病例数进行及时的 log 回归分析，计算指数增长率 r，然后根据 $R_0 = V*r+1$ 进行计算。V 为代间距，表示从原发病例发病日期至其导致的续发病例发病日期的时间间隔，其值通常比潜伏期和传染期之和稍小。在最初的传播阶段，易感者的减少是可以忽略不计的，因此可以考虑流行病在最初的时间段里是以指数形式增长的。对于有明显的潜伏期和传染期的传染病，Lipsitch 等对于有潜隐期的传染病的基本再生数求解（2003）

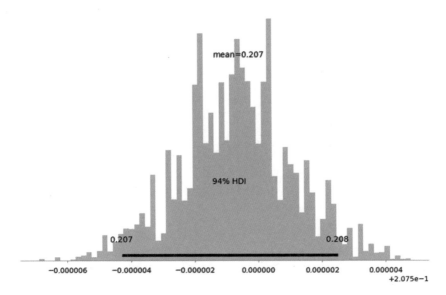

图 5.18　传播率概率分布图

定义了一个相对于 SIR 模型而言更加精确的估计方程，f 为传染期与代间距之比：

$$R = Vr + 1 + f(1 - f)(Vr)^2 \qquad (5.18)$$

以在世界范围内造成大流行的新冠肺炎疫情为例，利用约翰·霍普金斯大学的公开数据，获得了从 2020 年 1 月 22 日至 2020 年 4 月 26 日的每日累计确诊病例数及死亡病例数，采用增加了潜伏期人群仓室的 SEIR 模型。基本再生数求解的伪代码如算法 5.2 所示：

算法 5.2　基本再生数的求解

输入：流感病例数据 cases；代间距 V；传染期 f；

输出：未考虑潜伏期的基本再生数 R_0；考虑潜伏期的基本再生数 $latR_0$；

R0Solution（cases，V，f）

1　　Initial i = 0 and j = 0 and r = 0；

2　　Initial R_0，$latR_0$；

3　　n← Length（cases）；

```
4      While i≤n-1 do：
5          for j=0 ；j≤i ；j++ do：
6              sum=cases ［j］ +sum；
7          end
8          cumcases ［i］ ←sum；
9      end
10     for k=3；k≤9；k++ do：
11         r←log （cumcases）；
12         R₀ ［k-3］ ←V * r+1；
13         latR₀ ［k-3］ ←V * r+1+ （V * r） * （V * r） * （1-f/V） * f/V；
14     end
15     return R₀；
```

以不同的周数为截取时间点，根据计算得到基于 SIR 模型的基本再生数的数值变化情况，对于有明显潜伏期和传染期的传染病，求解得到基本再生数。由以上结果可以分析得到，在利用 log 回归分析进行基本再生数的求解时，设患病间隔为两周，以 7、9、11、13 周为截取点时的基本再生数见表 5.6。以两种模型求解得到的基本再生数都随着周数增加而呈现逐渐增大的趋势。没有考虑潜隐期时，基本再生数的稳定数值为 3.3 左右，考虑潜隐期的基本再生数稳定数值为 4.5 左右。

表 5.6　　　　　不同时间截取点下两种模型的基本再生数值

基本再生数周数	7	9	11	13
SIR	2.390	2.802	3.343	3.545
SEIR	2.810	3.508	4.538	4.953

第6章 犯罪事件的分布模式与时空发展分析

犯罪现象是长期困扰城市发展的一大难题，随着科学技术的发展和社会财富的集中，犯罪现象显现出频发性、智能性和破坏性的特点（William V，2004）。对犯罪行为现状的分析以及犯罪趋势的预测可以抑制犯罪率的增长，能有效促进公安机关加大执法力度，维护社会稳定（黄锡畴，2011）。本章首先以纽约市犯罪数据为例，探究犯罪的时空分布特征，并采用时空立方体模型对犯罪数据及其相关属性数据进行组织和管理，根据犯罪事件的空间格局挖掘犯罪热点区域并分析急救站点对于犯罪事件的负荷状况。然后，对美国纽约各类犯罪事件的时空演变原因进行分析，提取犯罪时空关联规则，再利用时空贝叶斯模型分析犯罪事件环境因子的驱动机理，并对犯罪事件进行空间风险预测。本章最后研究弗洛伊德抗议事件对纽约市犯罪事件时空发展态势的影响。

6.1 数据预处理与数据组织

纽约市是美国第一大城市及第一大港口所在地，位于美国东北部纽约州东南地区的哈德逊河口，临大西洋海岸，区域面积为 $1214.4km^2$，其中陆地面积 $785.6km^2$，区域内大部分地区地势平缓仅西南部地势较高，纽约市官方数据丰富完整，因而选择作为研究区域。

6.1.1 研究区域概况

在犯罪事件的空间格局研究中，芝加哥学派认为城市人文地理环境和自然地理环境均会影响犯罪事件，而且更为注重人文地理环境的影响，并在人口密度、经济收入、人种比例、失业率等人文地理环境因素对犯罪影响的研究上开展了大量工作。也有学者认为自然环境对犯罪的影响较大，例如高温易滋生暴力犯罪、夜间更多出现盗窃，因此在犯罪成因研究过程中，也将自然环境因素作为考量范围。本章选择了建筑密度、道路网密度、最近警察局网络距离、最近酒吧网络距离、临近区域犯罪数、月均温度、月总降水量、月气候类型、人口密度、人均收入、青年比例、人种比例、受高等教育比例、失业率等 14 个环境因素作为犯罪成因的研究对象，分析此类参数数据对犯罪事件的影响。

根据时间维度和空间维度的状态，可以将参数数据分为三类：空间属性数据、时间属性数据和时空属性数据。空间属性数据是指在分析的时空范围内，数据属性只和其空间位置相关而不随时间变化；时间属性数据是指随时间而变化但在同时段的所有空间范围内相同的数据；而时空属性数据则指同时随时间和空间而变化的数据。

空间属性数据包括人口密度、青年比例、人均收入、失业率、受高等教育率、最近警局距离、最近酒吧距离等。其中的人口密度数据是依据 LandScan 全球人口数据库（SATPALDA，2019）提供的数据及纽约市人口调查数据，将两者的数据进行融合再分配到各人口调查区，得到的最新人口数据。道路网密度数据是根据各人口调查区内道路总长度和调查区面积计算获得的。最近警察局网络距离与最近酒吧网络距离均是在道路网基础上计算出其与研究区内相应项的最近网络距离。建筑物密度以调查区内建筑物中心点的数量和调查区面积计算而得。青年比例、人种比例、受高等教育率和失业率则以 2012—2016 年纽约市人口调查数据为准，青年比例是指调查区年龄在 15 岁至 45 岁间的人所占调查区总人口比例，人种比例主要指各人口调查区内非洲裔及非洲裔人口的比例，受高等教育比例指获得学士及以上学位的比例，失业率指人口调查区内的登记失业比例。表 6.1 中展示了 2017 年纽约市空间属性数据的样例。

表 6.1   空间属性数据样例

区名	建筑数	道路长度（km）	警局（m）	酒吧（m）	人口总数	青年人口总数	非洲裔比例（%）	人均收入（万）	失业率	受高等教育率	面积（km²）
1	329	17.3	358	705	7284	3815	1.73	11.56	1.6	69.7	0.31
2	90	16.5	198	484	1776	1119	2.2	10.07	1.3	87	0.30

续表

区名	建筑数	道路长度（km）	警局（m）	酒吧（m）	人口总数	青年人口总数	非洲裔比例（%）	人均收入（万）	失业率	受高等教育率	面积（km²）
3	101	12.3	567	351	180	93	0	16.71	0	83.8	0.30
4	108	24.1	971	66	914	303	2.2	11.95	4.6	76.4	0.30
5	109	0.9	800	303	120	91	16.7	10.19	0	61.5	0.30

　　时间属性数据包括月均温度、月总降水量和天气类型三类。月均温度是纽约市周边三个气象观测站每日均温的均值，月总降水量是一个月内三个观测站每日降水量观测值均值的累积。天气类型则是月内出现雨雪冰雹等天气的比例。表 6.2 为纽约市 2017 年各月的时间属性数据。时空属性数据则是临近区域犯罪数据，在计算某段时间特定区域的临近区域犯罪数时，依据上一时段该区域及与该区域直接相邻区域的犯罪数加权求得。

表 6.2　　　　　　　　　　　　　　时间属性数据样例

月份	月均温度（℃）	月降水（mm）	天气类型
1	3.56	117.85	0.48
2	4.58	40.14	0.14
3	3.98	147	0.39
4	13.5	104	0.47
5	15.59	4.78	0.35
6	21.5	106.68	0.35
7	21.5	118.09	0.35
8	23.33	60.5	0.37
9	21.2	51.88	0.2
10	17.15	106.93	0.29
11	8.17	45.71	0.27

对于犯罪事件的全局分析，美国本土的基础经济人口数据不可或缺，数据来源为数据分享网站 kaggle（https://www.kaggle.com/），数据尺度为县级，共有 3220 条记录，每条记录包含 6 类 34 种数据项，分别是：人口数据：包括各县总人口数、男性人数、女性人数、以及成年人人数；族裔数据：包括西班牙裔（拉美裔）、白人、非洲裔人、亚裔、印第安裔、太平洋岛人百分比；经济数据：包括总收入、总收入偏差、人均收入、人均收入偏差、贫困人口数以及儿童贫困人口数；行业数据：包括从事专业工作、服务业工作、办公室工作、建筑业工作、生产工作占比；通勤数据：包括开车通勤、拼车通勤、公共交通通勤、步行通勤、在家工作、其他方式通勤占比及平均通勤时间；工作类型数据：包括就业人数、私人工作、公共工作、个人工作、家庭工作占比及失业人数；主要数据如图 6.1 所示。

图 6.1　美国本土社会经济基础数据

公共安全事件的爆发会对犯罪事件产生影响，2020 年弗洛伊德事件引发的群体性抗议事件是个典型案例。为此，本研究从武力冲突事件数据集网站（Acled，2020）收集了由弗洛伊德事件引发的群体性抗议事件，经过筛选得到 9416 条记录，每条记录包括抗议事件主题、发生时间、类型、所在区域、经纬度等数据项；从纽约市开放数据中心收集了纽约市 2020 年 1 月 1 日至 9 月

30 日的犯罪数据，犯罪数据的每一条记录代表一起犯罪事件，包含的基本信息有：犯罪时间、犯罪类型、年龄、性别、种族、犯罪地点（经纬度坐标）等，共 10337 条记录；空间基础数据包括从 OpenStreetMap（https：//www.openstreetmap.org/）上下载的纽约市行政区划边界数据、街道数据、POI数据点。由于犯罪数据表格中的犯罪类型多样，而各类型犯罪事件在弗洛伊德事件中的变化情况不尽相同，所以有必要对犯罪类型进行分类处理。参照 spotcrime 网站（2020 年）的犯罪类型将犯罪数据分为逮捕（arrest）、入室盗窃（burglary）、枪击（shooting）、纵火（arson）、袭击（assault）、抢劫（robbery）、偷窃（theft）七类。

6.1.2 犯罪时空属性数据筛选

研究数据为美国纽约市犯罪数据，含 110609 条犯罪记录，包含案发时间、案发地经纬度、隶属街区和警局区域等信息，作如下处理：

①删除位置属性、时间属性、事故描述属性缺失的数据行；

②从日期字段中，提取年份、月份、日期、小时、工作日以及天数（自 1 月 1 日算起），在时间属性信息的选取上，多次试验后选择小时和天数这两个信息。

③原始数据犯罪类别为 30 多类，根据需要建立新的犯罪类别，包含伤害犯罪、暴力犯罪、盗窃犯罪、轻型犯罪四个类别，进行编码处理。

按照 10% 和 90% 的比例将数据划分为测试集和训练集，建立 lightGBM 模型分类器（康军等，2020），采用排列重要性的方法，改变数据表格中某一列数据的排列，查看其对预测准确性的影响程度，发现属性的影响程度由大到小依次为：时间、纬度、经度、隶属警区、隶属街区、天数。据此把时间属性特征分离，对多行数据的时间属性变量反复进行修改和重新预测，利用已建立的 lightGBM 模型，分析预测结果对时间属性的依赖情况，如图 6.2 所示，y 轴是模型预测结果相较于基线值的变化，蓝色阴影区域表示置信区间。可以看出，对于不同的案件类型，案件受时间属性信息影响的程度和变化趋势不同，轻型犯罪受影响最明显，9 点到 15 点左右的时间段最容易发生犯罪，其他时间段尤其是夜间发生概率则会显著降低。

6.1.3 时空数据组织

时空立方体模型是时空数据模型的一种，其包含了时间、空间和属性三个基本特征信息（王盛校，2006）。时间信息是指时间、空间和属性状态的时变

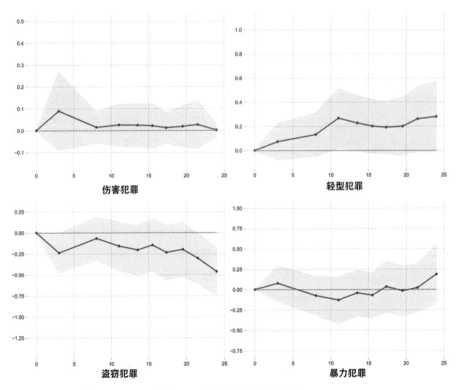

图 6.2 时间属性影响程度

信息，空间信息是指空间位置信息及其衍生信息，属性信息是指与空间位置及其衍生无关的属性信息。时空立方体模型以空间平面维和时间维构建起三维时空立方体，在时空立方体中记录了平面位置随时间演变的信息，可用于表示实体或事件在空间和属性上的变化过程，同时在给定时间位置条件下可从时空立方体中直接获取对应截面状态；但是随着数据量增大，对立方体的操作会变得复杂，最终导致无法处理。

在犯罪事件环境关联要素分析中采用了时空立方体模型。通过对时空立方体模型的平面维度单元与时间维度单元进行设定，将一定时空范围作为立方体单元，赋予立方体单元相关属性值，使立方体单元成为一个兼具时间特征、空间特征和属性特征的整体，从而能够有效管理和组织犯罪数据及相关属性数据，为犯罪成因分析提供良好的数据基础，保障环境关联要素分析功能。基于时空立方体模型的数据组织流程为：用三个数据表分别存储时间属性数据、空间属性数据和犯罪属性数据，并且犯罪属性数据中包含犯罪事件的时间信息和空间点位置信息，通过其时间信息可关联到对应的时间属性数据，通过空间点位置信息可查询到对应的调查区以关联到空间属性数据，而临近区域犯罪数则通过实时计算获得。将三类数据表整合到一个数据模型中，以便环境关联要素分析时调用，其中时间数据与空间数据均是独立数据，互不干扰，当选定时间和空间后将对应唯一的时空数据。模型空间维度单元选择与人口密度数据单元相同，以便统计立方体单元内的人口密度；时间维度单元选择以月为单位，以便结合月均温度、月总降水量等时间属性数据。

6.2 犯罪事件空间格局分析

犯罪地理学的一个基本假设是，城市犯罪现象的空间分布是有一定规律的（孙峰华等，2003）。探索犯罪现象的空间分布规律就是研究犯罪事件的空间格局分析。本节主要讨论犯罪事件空间格局分析中重点关注的几个问题：犯罪事件的空间分布模式，城市中的犯罪热点和高危区域以及犯罪事件应急处置力量的空间分布。

6.2.1 犯罪事件空间分布模式分析

犯罪事件的空间分布模式分析使用了时空网络 K 函数分析，它可分为以下两步展开：对单类型的犯罪事件，分别进行网络 K 函数分析和时间 K 函数分析，获得各类型犯罪事件分别在网络空间维度和时间维度的分布模式，再结合时空网络 K 函数，分析各类型犯罪事件的时空分布模式；对多类型的犯罪事件关系，进行交叉 K 函数分析，研究在相同时段内不同类型犯罪的分布模式间是否存在相互影响，若存在相互影响则对其影响关系和可能的原因进行解释。

1. 单类型犯罪事件时空分布模式分析

用纽约市犯罪数和道路网数据，分别对抢劫事件、盗窃事件和暴力犯罪事件采用空间网络 K 函数、时间 K 函数和时空网络 K 函数方法，计算不同的犯罪类型在空间维度、时间维度和时空维度的分布模式，得到以下结论：

对纽约市 14005 起抢劫事件进行分析，图 6.3 为空间网络 K 函数与时间 K 函数分析的结果。图中给出了抢劫事件的实际 K 函数曲线、随机分布的 K 函数期望值曲线、显著性水平为 0.05 时蒙特卡洛模拟的上限和下限，横轴表示空间网络距离，纵轴表示 K 函数值。

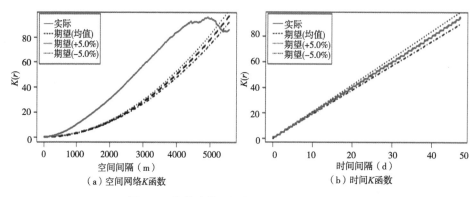

（a）空间网络K函数　　　　　（b）时间K函数

图 6.3　抢劫事件空间与时间分布模式分析

　　从图 6.3（a）可以看出，抢劫事件的空间网络 K 函数曲线在 0～5220m 的空间网络距离下是位于蒙特卡洛模拟的上限之上，并在距离为 3800m 处网络空间 K 函数曲线与蒙特卡洛模拟上限曲线的差异达到最大值，说明在距离为 0～5220m 时抢劫事件表现出空间聚集性且在距离为 3800m 时抢劫事件的空间聚集性表现最明显。而在 5220m 至 5560m 的距离下，抢劫事件的空间网络 K 函数值开始减少并逐渐小于蒙特卡洛模拟下限曲线值，说明在 5220m 及以上的距离上，抢劫事件逐渐表现出空间均匀分布的特征。

　　由图 6.3（b）可见，抢劫事件的时间 K 函数曲线仅在时间间隔为 0～4.5 天时位于蒙特卡洛模拟上限之上；在 4.5 天及以上的时间间隔上，时间 K 函数曲线完全位于蒙特卡洛模拟的置信区间内，因此抢劫事件在时间间隔为 4.5 天以内是表现出时间聚集性的，而在 4.5 天以上的时间间隔上是完全符合时间随机分布的。

　　图 6.4 为采用时空网络 K 函数方法对抢劫事件分析的结果，图中 $K(d, t)$ 轴表示时空网络 K 函数值，空间距离其单位为 m，采用了 0.01 天作为时间单位。结果显示，在指定空间距离即 d 值确定的条件下，$K(d, t)$ 随时间间隔 t 的增长而增加且增长趋势稳定，该现象符合时间 K 函数的分析结果。在指定时间间隔即 t 值确定的条件下，当空间网络距离小于 4300m 时，$K(d, t)$ 值随空间距离 d 的增长而增长且增长趋势稳定；而在空间网络距离小于 4300m 且时间间隔大于 37 天时，发现 $K(d, t)$ 出现了减少的趋势，结合在空间网络 K 函数分析中的发现即在距离为 4300m 至 4800m 时，$K(d)$ 值出现了下降

又上升的变化，由此可知，空间网络 K 函数分析时出现该现象的时间间隔为大于 37 天。综合而言，抢劫事件的时空网络 K 函数值在 0～4300 的空间网络或 0～37 天的时间间隔上是持续增长的，在该时空范围内抢劫事件表现了较强的时空聚集性；而在 4300m 至 4800m 的空间距离且 37 天以上的时间间隔时，该值出现了先下降而后上升的现象，说明在该时空范围内，抢劫事件的时空聚集度波动较大。

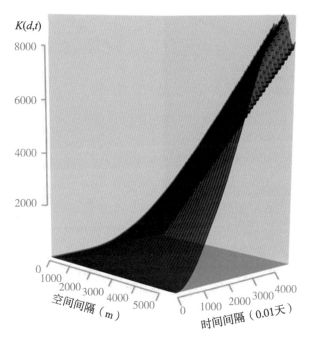

图 6.4　抢劫事件时空网络 K 函数

对于盗窃事件，用 2017 年纽约市发生盗窃事件共计 147489 起进行分析，图 6.5 为对应的分析结果，图中各项含义与图 6.3 相同。由图 6.5（a）可得，盗窃事件的空间网络 K 函数曲线始终在蒙特卡洛模拟上限曲线之上，在 0～700m 的空间距离上，空间网络 K 函数曲线增长较缓，而在 700m 至 1800m 的网络距离上空间网络 K 函数曲线增长速度加快且保持稳定的增长速度，说明盗窃事件在空间分布上表现出较高的聚集性。在 0～700m 的距离上盗窃事件的空间聚集性增长较缓，在大于 700m 的距离上，随空间网络距离的增长空间聚集性变得更明显，而在空间网络距离为 1800m 时空间聚集度最高，超过 1800m 后空间聚集度有所降低。图 6.5（b）所展示的时间 K 函数曲线表明，

时间 K 函数曲线完全位于由蒙特卡洛模拟上限曲线和下限曲线构建的包络线内，因此盗窃事件的时间分布完全符合均匀分布。

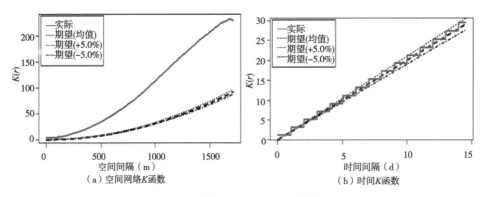

图 6.5　盗窃事件空间与时间分布模式分析

图 6.6 为盗窃事件的时空网络 K 函数分析结果，由图可见盗窃事件的时空网络 K 函数曲线值随时间间隔和空间网络距离的增大而增加，是完全符合空间网络 K 函数与时间 K 函数分析结果的，因此盗窃事件因空间分布呈聚集性而表现出时空聚集性且其时空聚集度随空间距离的增大而增加。

对 70918 起暴力犯罪事件进行分析，图 6.7 为对应的分析结果，图中各项含义与图 6.3 相同。由图 6.7（a）可见，暴力犯罪事件的空间网络 K 函数曲线处于蒙特卡洛模拟的上限曲线以上，且随着空间网络距离的增长而不断上升，其上升速度也逐渐加快，与蒙特卡洛上限曲线间差值逐渐增大，这说明暴力犯罪事件在空间中呈聚集分布且其聚集性随空间网络距离的增加而增大。图 6.7（b）中曲线位置及变化趋势与图 6.5（b）相同，因此暴力犯罪事件在时间维度中的分布也是呈均匀分布的。

图 6.8 为暴力犯罪事件的时空网络 K 函数分析结果，由图可知，暴力犯罪事件的时空网络 K 函数值随时间和距离的增长而增加，符合空间 K 函数与时间 K 函数的分析结果，故其表现出时空聚集性且其时空聚集性随空间距离的增大而变得更明显。

综合对三类犯罪事件的时空网络 K 函数分析，抢劫事件在空间网络距离小于 5220m 时表现出空间聚集性且在 3800m 时空间聚集度最高；在时间间隔小于 4.5 天时表现出时间聚集性而其他时间间隔条件下则呈均匀分布；盗窃事件和暴力犯罪事件在空间上均呈聚集分布，盗窃事件在距离为 1800m 时空间

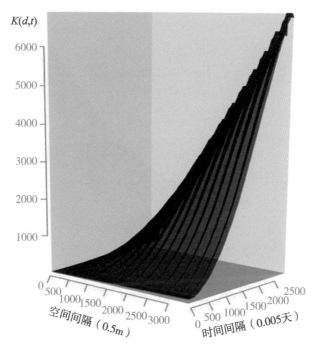

图 6.6 盗窃事件时空网络 K 函数

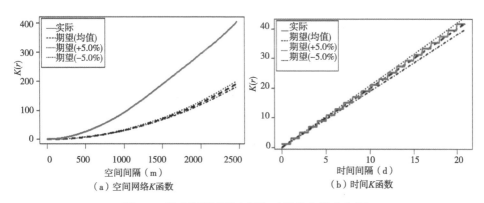

（a）空间网络K函数 　　　　　（b）时间K函数

图 6.7 暴力犯罪事件空间和时间分布模式分析

聚集度最高而暴力犯罪事件空间聚集度随距离增大而不断增加，两类犯罪事件在时间上均呈均匀分布。

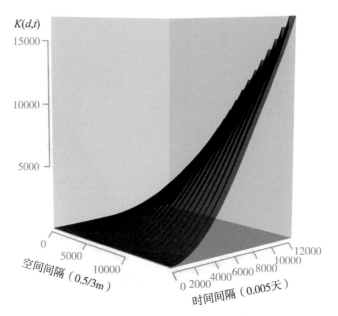

图 6.8　暴力犯罪事件时空网络 K 函数

2. 多类型犯罪事件时空分布模式关系分析

盗窃事件和暴力犯罪事件的交叉网络 K 函数曲线如图 6.9 所示。各项含义同图 6.5。从图中可以看出，K 函数曲线自 200m 左右开始位于蒙特卡洛模拟的上限曲线之上，这表明在盗窃事件发生的区域附近，暴力犯罪事件表现出空间聚集性，而且随着空间网络距离的增加，盗窃事件的分布与暴力犯罪事件的分布之间表现出更显著的聚集关系。随着空间网络距离的增大，K 函数曲线保持稳定的增长趋势且与 CSR 随机模式的期望值曲线间差值增加，这说明随着空间网络距离的增加，盗窃事件与暴力犯罪事件间的空间聚集关系表现更明显。在空间距离约 2000m 处，K 函数曲线出现了短暂的下降现象，说明在空间距离 2000m 处盗窃事件与暴力犯罪事件的空间聚集度有轻微减少，但并不影响其整体的显著空间聚集特性。

盗窃事件和抢劫事件的交叉网络 K 函数曲线如图 6.10 所示，各项含义同图 6.5。从图中可以看出，在空间网络距离为 300m 至 5270m 时，K 函数曲线是完全位于蒙特卡洛模拟的上限曲线之上，在距离为 300m 至 4900m 间，K 函数曲线持续上升，其与 CSR 随机模式的期望值曲线差值在 4320m 取得最大值，而在 4900m 至 5550m 间 K 函数值曲线持续下降，在约 5370m 处 K 函数值曲线

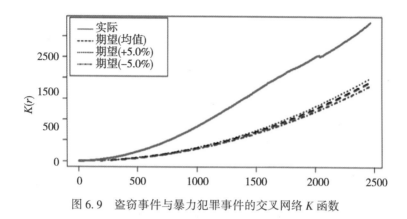

图 6.9　盗窃事件与暴力犯罪事件的交叉网络 K 函数

降到 *CSR* 随机模式的期望值曲线之下。因此，在空间网络距离为 300m 至 5270m 时，在盗窃事件发生的区域附近，抢劫事件表现出了空间聚集性，且在 4320m 处空间聚集性较为显著，而自 4900m 处开始空间聚集性逐渐降低并逐步变为空间随机分布。

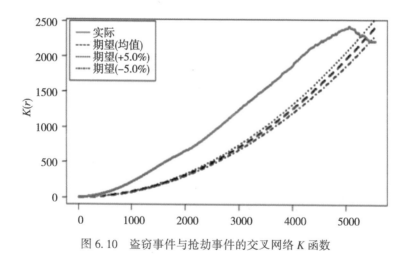

图 6.10　盗窃事件与抢劫事件的交叉网络 K 函数

　　暴力犯罪事件与抢劫事件的交叉网络 K 函数曲线如图 6.11 所示。各项含义同图 6.5。图 6.11 与图 6.9 的曲线形状类似，K 函数曲线均为先增后减。在 0 至 4900m 左右时，K 函数曲线持续上升，而在 4900m 后 K 函数曲线持续下降，并在约 5300m 处下降至 CSR 随机模式的期望曲线以下，K 函数曲线与蒙特卡洛模拟的上限曲线间最大差值在约 4000m 处取得。因此，在空间网络距离为 200m 至 5300m 时，发生暴力犯罪事件区域附近的抢劫事件呈空间聚集分布，其空间聚集性在空间网络距离为 4000m 处最为显著，而在距离为 4900m 之外其空间聚集度持续降低并于 5300m 外呈空间随机分布。

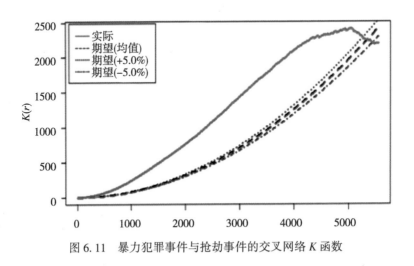

图 6.11　暴力犯罪事件与抢劫事件的交叉网络 K 函数

综合分析三类犯罪事件空间分布模式间的关系，盗窃事件与暴力犯罪事件间的空间聚集关系最为明显，且随空间网络距离增大而变得更为显著，盗窃事件与抢劫事件及暴力犯罪事件与抢劫事件间的空间聚集度稍弱且均在约 5000m 的空间网络距离内表现出空间聚集关系，而在 5000m 外则呈空间随机分布。

6.2.2　犯罪事件热点及高危区域分析

犯罪事件热点分析是分析犯罪事件点的空间聚集度，并采用一定的形式将事件热点区域直观地反映在地图上，方便市民、警务部门参考，同时也可以结合环境因素相关数据为犯罪分析时的重点分析区域提供指导，探讨热点区域犯罪事件频发的原因（王帅，2012）。为准确衡量犯罪事件点的空间聚集度，确定犯罪事件热点区域，用核密度估计方法按不同季节、不同时段对三种犯罪事件的热点区域进行识别，以便发现犯罪事件热点区域随季节、时段变化而产生的不同分布及变化规律。

图 6.12 展示了不同季节暴力犯罪事件的热点区域。由图可知，纽约市暴力犯罪事件多发生于曼哈顿区北部、布朗克斯区南部和布鲁克林区北部等地区，且热点区域并未随季度变化呈现出明显的热点区域迁移现象，因此初步判断在各季节暴力犯罪事件的空间聚集度较高且热点区域未随着季度变化而发生迁移。

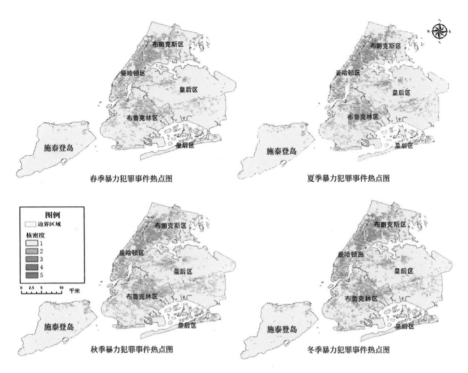

图 6.12 各季节暴力犯罪事件热点图

图 6.13 展示了一天中不同时段暴力犯罪事件的热点区域。由图 6.13 可知，在 0:00 至 6:00 时段，曼哈顿区、布朗克斯区南部、皇后区北部及布鲁克林区北部暴力犯罪事件较为聚集；到 6:00 至 12:00 时段后，热点区域聚集度增加，曼哈顿区北部、布朗克斯区南部及布鲁克林区北部的热点区域保持不变，而皇后区北部和曼哈顿区南部的热点区域聚集度有所降低；在 12:00 至 18:00 时段，热点区域的事件聚集度下降，但热点区域并未迁移；在 18:00 至 24:00 时段，热点区域聚集度有所提升且皇后区北部再次出现较为明显的热点区域现象。综合对比四个时段暴力犯罪事件的热点区域，可得结论:暴力犯罪事件主要聚集于曼哈顿区北部、布朗克斯区南部及布鲁克林区北部，在 6:00 至 12:00 时段与 18:00 至 24:00 时段热点区域事件聚集度较高，皇后区北部在 18:00 至次日 6:00 间的热点现象较为明显。

综合以上现象，可以发现，抢劫事件在不同季节和不同时段都表现出了较高空间聚集度且热点区域随季节和时段的变化而变化；盗窃事件仅在部分时段表现出了较高空间聚集度而在其他时段空间聚集度不高，且热点区域不随季节或时段变化而迁移；暴力犯罪事件在各季节和各时段都表现出较高的空间聚集性，而热点区域基本上不随季节或时段变化而迁移。

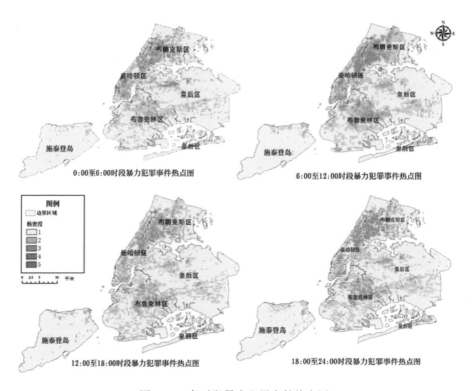

图 6.13　各时段暴力犯罪事件热点图

　　通过对犯罪事件热点区域的分析发现了犯罪事件频发的区域，而犯罪事件的危害度同样是影响城市居民安全感的重要指标。结合犯罪程度、犯罪类型等犯罪事件的社会危害权值，使用加权点模式分析的方法在探索犯罪事件在不同季节的高危害区域，就是犯罪高危区域分析。

　　图 6.14 展示了纽约市各季节犯罪事件的高危害区域。由图 6.14 可看出，各季节犯罪事件高危害区域聚集于曼哈顿区、布朗克斯南部和布鲁克林区北部和皇后区北部。在春季，曼哈顿区和布朗克斯区南部相较于同时段其他区域而言，其危害度较大，因此春季曼哈顿区和布朗克斯区南部的犯罪危害相对较高。在夏秋两季，曼哈顿区和布朗克斯区南部与同时段其他地区犯罪事件危害

度间差异减少且犯罪数量增加，由此说明各类型、各种程度犯罪事件分布差异减小，到冬季后分布差异更小。

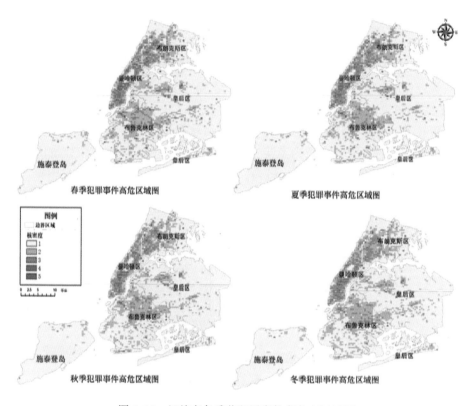

图 6.14　纽约市各季节犯罪事件高危害区域图

　　对犯罪事件高危害区域展开分析，曼哈顿区北部和南部的犯罪事件危害度最高，因为曼哈顿区北部是三类犯罪事件的热点区域，犯罪事件的数量较多，所以该地区的犯罪危害度较大；曼哈顿区南部的盗窃、抢劫事件发生较多，且该地区经济更为发达，致使盗窃、抢劫事件的犯罪程度多为重罪，其权值较大，因此该地区的犯罪事件危害度最高；而在曼哈顿区中部是中央公园，人流量较小，故该区域犯罪事件极少。布朗克斯区南部是三类犯罪事件的热点区域，且犯罪事件聚集度较高，但在该地区发生的犯罪事件大部分是轻罪，所以该地区的犯罪事件危害度不如曼哈顿区北部和南部高。布鲁克林区北部和皇后区北部的犯罪热点区域面积较大，犯罪事件空间聚集度不高，而且在该地区发生的犯罪事件是以轻罪为主，因此这两个地区的犯罪事件危害程度不高。

6.2.3　犯罪事件应急处置能力分析

　　分析纽约市对于犯罪事件的应急处置能力，需要考虑犯罪事件的相关急救站点，包括警局、医院、消防站。以每个急救站点作为独立输入个体，采用泰森多边形的方法，生成急救站点的最近服务区，统计犯罪事件落入每个站点的服务区数目，分析其对于犯罪事件的负荷状况。通过分层设色的方法显示不同站点最近服务区的负载均衡情况，从而对纽约市的应急处置能力进行评价（翁敏等，2019）。

　　图 6.15 为纽约警局对于犯罪事件的负荷状况。结合纽约行政区划可以看出，曼哈顿区的警局分布最为密集，每个警局所承担的犯罪事件数量比较均衡；布朗克斯区的警局虽然数目较多，但是由于犯罪发生次数多且集中导致该区域的警局负荷普遍较大；纽约南部（布鲁克林区、皇后区）的个别警局存在负荷较严重的情况。

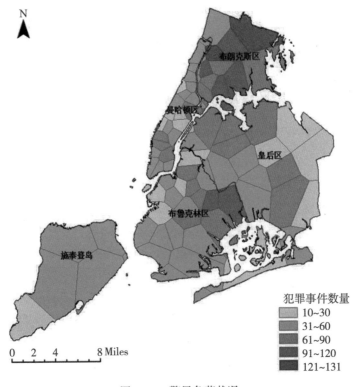

图 6.15　警局负荷状况

图 6.16 为纽约医院对于犯罪事件的负荷状况。查询事件属性表发现，两个负荷最大的医院牙买加医院和布鲁克代尔医疗中心分别应对了 192 次和 246 次犯罪事件，应急处置负荷状况远超于其他区域的医院，主要由于该地区的医院分布稀疏而犯罪事件发生集中，因此在未来的城市建设中应相应地增设多所公立医院，以提高整体的应急处置能力。

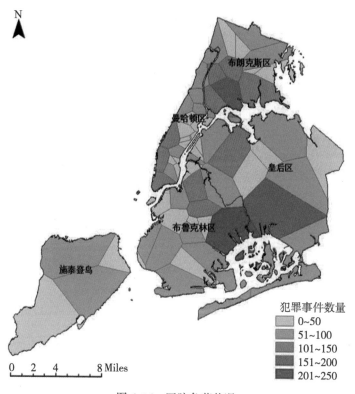

图 6.16　医院负荷状况

图 6.17 为纽约消防站对于犯罪事件的负荷状况。相较于警局和医院，消防站的数量最多，整体分布均匀，从图中可以看出绝大部分消防站的负荷都较小。较高负荷的消防站主要集中在布朗克斯区、布鲁克林区东部和曼哈顿区的北部。

整体看来，纽约市急救站点对于犯罪事件的应急处置能力分布不均，尤其是布朗克斯区。解决应急处置能力配置不均的问题，需要综合各地的犯罪情况、人口密集程度及比例、经济能力等因素，采取差异化配置策略。

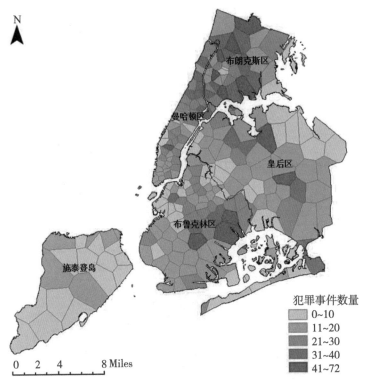

图 6.17　消防站负荷状况

6.3　犯罪事件时空关联分析

　　针对犯罪事件热点区域，以社会、空间、气候等环境因素数据和犯罪数据为基础数据建立了时空立方体模型，通过时空贝叶斯估计的方法分析了社会、空间、气候等环境因素对三类犯罪事件的影响，结合时空贝叶斯估计的犯罪事件概率计算公式，预测了各区域发生盗窃事件的风险。

6.3.1　犯罪事件时空关联规则提取

　　对盗窃犯罪案件类别、时间段、网格编号等属性信息，选择合适的支持度和置信度阈值，进行关联规则挖掘。由于数据量过于庞大，为提取出有意义的强关联规则，设置最小支持度为 0.0007，最小置信度为 0.2，计算提取满足最小支持度与最小置信度的强关联规则集。按照关联规则长度为 3，提升度大于 1.2 的原则进行筛选，得到共计 68 条强关联规则。0~6 时间段，由于案发数目相对而言较少，规则由于支持度较小被淹没，仅有 6 条强关联规则，6~12 时间段对应 9 条强关联规则，12~18 时间段对应 27 条强关联规则，18~24 时间段对应 26 条强关联规则。通过分析得到的强关联规则，推出犯罪类型、网格号与时间段这三个案件属性之间所存在的关联关系，进而推测盗窃犯罪的时空规律。部分强关联规则见表 6.3，以关联规则 "｛案件类别＝轻型犯罪，地理格网＝120｝ => ｛时间段＝6_12｝" 为例，在这条记录中，规则前项是 ｛案件类别＝轻型犯罪，地理格网＝120｝，规则后项是 ｛时间段＝6_12｝，表示在网格编号为 120 的区域，在 6_12 时间段最有可能发生轻型犯罪。

表 6.3　　　　　　　　　　　部分强关联规则

规则前项	规则后项	支持度	置信度	提升度
｛类别＝轻型犯罪，地理格网＝191｝	｛时间段＝0_6｝	0.00354	0.30000	2.4670
｛类别＝轻型犯罪，地理格网＝120｝	｛时间段＝6_12｝	0.00354	0.30000	1.5981
｛类别＝轻型犯罪，地理格网＝150｝	｛时间段＝12_18｝	0.00590	0.55556	1.5479
｛类别＝轻型犯罪，地理格网＝205｝	｛时间段＝18_24｝	0.00472	0.80000	2.4114

使用聚类方法将强规则分组，若规则前项和后项统计上是相似的则被归为一类，实现强关联规则基于矩阵的可视化，如图 6.18 所示。横坐标为关联规则前项的数目，纵坐标为关联规则后项，圆圈的颜色深浅表示提升度的大小，圆圈的大小表示聚合后的规则支持度相对大小。可以发现，在 12~18 时间段的强关联规则在数量、支持度和置信度方面更为均衡，其时空关联性更为显著，且出现多个小的聚类中心，更有助于相关部门在关键时段和关键区域进行警力重点配置。

6.3.2　犯罪事件驱动因子的多重共线性分析

多重共线性分析是对多个自变量间存在的高度相关性关系进行分析，以避免在犯罪事件环境关联要素分析中因变量间存在高度自相关性而导致分析模型错误（谢小韦，2009）。由于时间属性数据、空间属性数据及时空属性数据的时空维度不同，因此在不同类型的参数数据间不存在关联性，故只需分别对时间属性数据和空间属性数据进行多重共线性分析即可。以各类参数数据为自变

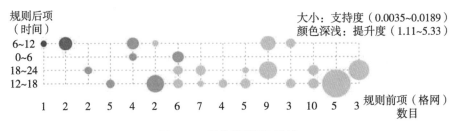

图 6.18 强关联规则可视化

量，以对应空间或时间范围内的三类犯罪事件总数为因变量进行分析。

表 6.4 为空间属性数据的多重线性分析结果，由第 9、10、11 三个维度的特征值接近 0 且其条件指数大于 10 可判定，同时在相关系数矩阵中发现失业率和受高等教育率的系数矩阵有接近甚至大于 0.8 的矩阵值，因此确定空间属性数据存在多重共线性。综合分析数据，发现失业率、受高等教育率和人均收入类数据有着比较明显的关系，因此尝试去除三项中某项以去除多重共线性，在去除人均收入项后获得了较为理想的结果。因此在空间属性数据中选择去除人均收入项。

表 6.4 　　　　　　　　　　　空间属性数据多重共线性分析

维度	特征值	条件指数	相关系数矩阵										
			常数	道路密度	建筑密度	最近警局距离	最近酒吧距离	人口密度	青年比例	非洲裔比例	人均收入	失业率	受高等教育率
1	8.21	1.00	0	0	0	0	0	0	0	0	0	0	0
2	0.81	3.18	0	0	0	0	0.02	0	0	0	0	0.89	0
3	0.73	3.36	0	0	0.02	0	0.04	0	0	0.26	0.01	0.04	0
4	0.44	4.34	0	0	0.1	0.01	0.23	0.01	0	0.16	0	0.05	0
5	0.29	5.33	0	0	0.08	0.05	0.12	0.16	0	0.09	0.03	0	0
6	0.19	6.53	0	0	0.04	0.57	0.09	0.05	0	0.04	0.04	0	0
7	0.16	7.11	0	0.46	0.01	0.07	0.08	0.04	0	0.05	0.01	0	0
8	0.09	9.69	0	0	0.64	0.22	0.22	0.61	0	0	0.02	0	0.01
9	0.06	11.98	0	0.15	0.03	0.05	0.13	0.04	0.31	0.07	0.23	0.01	0.02
10	0.01	24.14	0.32	0.21	0.06	0.02	0	0	0.14	0.27	0.14	0	0.75
11	0.01	26.56	0.67	0.17	0.08	0.01	0.07	0.1	0.54	0.05	0.51	0	0.22

表 6.5 为时间属性数据的多重共线性分析结果，表中特征值均不接近 0，条件指数均小于 10，且相关系数矩阵中无值接近 1，因此判定时间属性数据中不存在多重共线性。

表 6.5   **时间属性数据多重共线性分析**

维度	特征值	条件指数	相关系数矩阵			
			常数	月均温度（℃）	月总降水（mm）	天气类型
1	2.567	1	0.03	0.03	0.04	0.05
2	0.902	1.687	0.04	0.08	0.39	0.06
3	0.37	2.634	0	0.06	0.57	0.82
4	0.161	3.99	0.92	0.83	0	0.07

6.3.3 时空贝叶斯回归分析

以人口调查区为空间单元、以月为时间单元建立起时空立方体模型，采用时空贝叶斯估计方法对犯罪事件时空演变展开分析，时空贝叶斯回归具有贝叶斯统计模型的基本性质，可以求解权重系数的概率密度函数，进行在线学习以及基于贝叶斯因子的模型假设检验（朱慧明 等，2005）。以多重共线性分析后确定的 13 个环境参数，将时空贝叶斯估计中的环境相关项变量分为 3 个时间相关项、9 个空间相关项和 1 个时空相关项。

因各环境相关项数据的单位不统一，使得其不同类型数据的数值差异较大，因此需统一数据量纲，以避免数值差异导致分析结果不准确。使用调查区号为 1 区域的环境参数为标准值，在此基础上求得各调查区在各时间范围内环境参数与标准值的比，以该比值作为环境参数的输入。

以确定的先验概率结合相关数据，建立时空贝叶斯估计的回归模型，对三类犯罪事件分别计算其模型分析结果，获得相关参数的数值，并据此对三类犯罪事件时空贝叶斯估计的回归模型进行分析，结果见表 6.6，从表中可以看出，建筑密度、最近酒吧距离、青年比例、非洲裔比例、受高等教育率、失业率和临近区域犯罪数等环境变量对三类犯罪事件的数量都有较大影响。其中，建筑密度、非洲裔比例和临近区域犯罪数与三类犯罪事件数量均成正比关系，最近酒吧距离与三类犯罪事件数量成反比关系，而青年比例、受高等教育率和失业率对不同类型犯罪事件的影响不同，且失业率和受高等教育率在不同类型犯罪事件的影响关系中呈相同的影响关系，青年比例则与失业率和受高等教育率的影响关系完全相反，因此可先分析建筑密度、最近酒吧距离、非洲裔比例和临近区域犯罪数对三类犯罪事件的影响，再分析青年比例、受高等教育率和失业率对三种犯罪事件的影响，最后分别就其他因素对各类型犯罪的影响展开分析。

表 6.6　　　　　　　　　　　三类犯罪事件的时空贝叶斯回归模型系数

变量	抢劫事件 系数 β （95% CI）	盗窃事件 系数 β （95% CI）	暴力犯罪事件 系数 β （95% CI）
道路密度	-0.143	-5.129	-1.161
	(-0.302, 0.015)	(-7.443, -2.815)	(-1.698, -0.625)
建筑密度	0.446	8.381	1.202
	(0.249, 0.642)	(5.507, 11.254)	(0.536, 1.868)
最近警局距离	-0.033	0.259	-0.169
	(-0.076, 0.009)	(-0.37, 0.887)	(-0.314, -0.023)
最近酒吧距离	-0.342	-7.186	-0.862
	(-0.53, -0.155)	(-9.932, -4.439)	(-1.499, -0.226)
人口密度	-0.091	-16.455	-0.593
	(-0.259, 0.077)	(-18.913, -13.997)	(-1.162, -0.023)
青年比例	0.682	-5.065	6.022
	(0.216, 1.148)	(-11.889, 1.76)	(4.44, 7.604)
非洲裔比例	1.71	119.535	15.109
	(0.46, 2.96)	(101.234, 137.835)	(10.868, 19.351)
失业率	-0.387	3.875	-0.665
	(-0.958, 0.185)	(-4.492, 12.243)	(-2.604, 1.275)
受高等教育率	-0.439	27.219	-3.608
	(-0.809, -0.069)	(21.804, 32.634)	(-4.863, -2.353)
月均温度	0.221	12.749	7.348
	(-0.107, 0.549)	(9.613, 15.885)	(5.071, 7.348)
月总降水	-0.067	0.005	-0.471
	(-0.213, 0.078)	(-2.125, 2.134)	(-0.965, 0.022)

续表

变量	抢劫事件 系数 β (95% CI)	盗窃事件 系数 β (95% CI)	暴力犯罪事件 系数 β (95% CI)
气候	0.027	0.481	0.134
	(0.004, 0.05)	(0.14, 0.821)	(0.055, 0.213)
临近区域犯罪	0.742	8.141	4.246
	(0.331, 1.152)	(2.137, 14.145)	(2.854, 5.637)

在建筑密度大的区域一般是以小型建筑、密集型建筑为主，区域内居民数量较多且素质有高有低，导致潜在罪犯的基数较大，同时，建筑密度大的区域路况一般较为复杂，犯罪成功率和逃脱率较高，因此在建筑密度越大的区域发生各类犯罪的几率越高。临近区域犯罪数多则会因临近区域的罪犯活动范围增大、区域内居民受不良影响等原因致使犯罪现象扩散，从而导致区域内犯罪数量增加，因此临近区域犯罪数和犯罪数量也是成正比关系。酒吧一般位于较为繁华的地段，人流量较大，且酒吧临近区域一般是警察重点关注的区域，因此虽然在酒吧附近有较多的潜在罪犯和合适目标，但距酒吧越近的区域犯罪数量反而会因监管较强的原因而减少，所以最近酒吧距离与三类犯罪事件的数量均成反比关系。

失业率和受高等教育率间有着一定的隐含关系，一般而言，区域内受高等教育的人所占比例越高，则失业率应越小，即两者应成反比关系，但在犯罪事件影响分析中，两者对不同犯罪类型的影响保持了高度一致，则说明犯罪事件的发生并不仅是因为失业率和受高等教育率本身的影响，有可能是失业率和受高等教育率差异而带来的其他社会环境差异致使犯罪事件数量不同。失业率和受高等教育率与抢劫事件和暴力犯罪事件均成反比关系，而与盗窃事件成正比关系。失业率升高后，社会闲置人员增加，一方面增加了这部分人员的犯罪可能性，另一方面也促使社会监管力量增加，因此可将失业率对抢劫事件和暴力犯罪事件的反比关系理解为增强社会监管作用大于增加犯罪可能性作用，而其对盗窃事件的正比关系可理解为增加犯罪可能性作用大于增强社会监管作用。区域内受高等教育的人数比例越大，则区域内的人文环境越好，因此发生抢劫和暴力犯罪事件的可能性越小，而人文环境较好的区域一般经济条件也较好，所以该区域可能成为盗窃者的目标区域，因此发生盗窃事件的可能性较大。青年是犯罪率较高的一个群体，这是因为大部分青年人比较冲动，常采用武力手段来解决问题，因此在青年比例较高的地区暴力犯罪事件和抢劫事件发生较多；与此同时青年也是一个见义勇为的群体，在青年比例较高的区域盗窃者的盗窃成功率较小，所以青年比例与暴力犯罪事件数量及抢劫事件数量成正比关系而与盗窃事件数量成反比关系。

道路密度对抢劫事件影响较小而对盗窃事件和暴力犯罪事件影响较大，且均成反比关系。道路密度大的区域，一般是较为繁华、人流量较大的区域或者是人流量很小而车流量较大的区域，这两类区域中前者因人流量较大，从而使监管力量较强，后者则是人流量少使潜在罪犯少，监管力量强或潜在罪犯少均会导致犯罪数量较少，所以道路密度对三种类犯罪事件均为负影响。

人口密度仅对盗窃事件数量的影响较大，且人口密度越大，盗窃事件数量越少，因为在人口密度大的地区，普遍是经济条件一般的区域且来往的人较多，使盗窃的收获率、成功率和逃脱率都较小，因此人口密度与盗窃事件数量成较为明显的反比关系。

月均温度对盗窃事件和暴力犯罪事件影响较大，且都成正比关系。温度越高，就会有越多的人选择打开门窗、车窗以散热纳凉，这为盗窃者提供了可乘之机，同时温度较为适宜时也便于盗窃者作案，因此温度与盗窃事件数量成正比关系。在温度适宜的时节，人们出游的概率较高，人与人的交流增多则使得相互间发生摩擦进而发生暴力犯罪事件的概率升高，而在温度较高时，人们又会变得比较暴躁，也增加了发生暴力犯罪事件的可能，因而温度与暴力犯罪事件数量也成正比关系。

除以上已分析的因素外，最近警局距离、月总降水量和气候对三种类型犯罪事件的影响均较小，因此不对这三类环境因素展开分析。

综合以上分析可以看出，环境因素对不同犯罪类型的影响方式并不相同，即使有着关联关系的环境因素对同类型犯罪的影响也不一定相同，因此分析环境因素对犯罪事件的影响时，需要结合具体区域的事件情况进行分析，不可直接将某地区的分析结论移植应用到另一地区。

以上分析了各环境因素和不同类型犯罪事件的关系并探讨了可能的影响方式，结合空间属性数据、时间属性数据和时空属性数据对不同区域三种类犯罪事件的数量变化进行分析，即可完成犯罪事件的环境关联要素分析。此处以曼哈顿南部的部分区域作为研究区域，因为该地区是盗窃事件集聚度最高的热点区域，也是抢劫事件和暴力犯罪事件的高发区域。图 6.19 为曼哈顿南部区域 1 月、4 月、8 月和 10 月的盗窃事件分布图，由图 6.19 可看出，盗窃事件高发区域为固定的几个区域，所有区域在不同月份的犯罪数在某个范围内波动不会出现较大变化，这足以说明临近区域犯罪数对犯罪事件时空分布的影响；同时在温度较高的月份，各区域的盗窃事件数普遍比温度较低月份高。

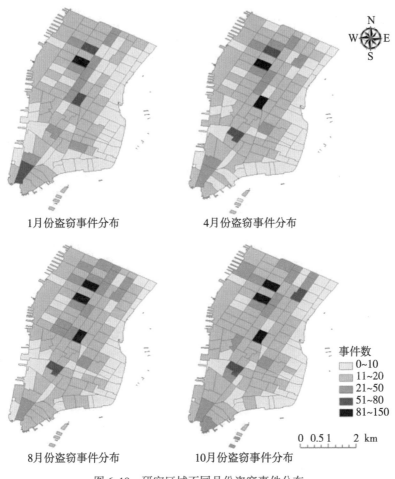

图 6.19　研究区域不同月份盗窃事件分布

6.3.4　犯罪事件空间风险预测

利用不同类型犯罪事件的时空贝叶斯估计系数值，计算了各区域不同类型犯罪事件发生的概率，结合新的环境因素数据，则可用该概率对犯罪事件的空间风险进行预测，并结合预测结果给出相应的原因和建议。本节以盗窃事件为例，进行犯罪事件的空间风险预测，并分析原因与提出建议；在预测中采用的新环境数据主要是温度、降水和气候类型数据，使用了纽约市 2018 年 1 月的数据。

图 6.20（a）是盗窃事件的空间风险预测图、图 6.20（b）为实际发生盗窃事件分布图，由图 6.20（a）可以看出，由于空间属性数据未更新且时空属性数据的强相关性，导致在历史盗窃事件发生较多的区域，仍会有较多的盗窃事件发生；而随着温度的降低，在部分区域犯罪数可能有所降低。结合致使盗窃事件高发的若干原因，可考虑通过加强盗窃事件高发区域内的监管力量等方式降低区域内盗窃事件数量。

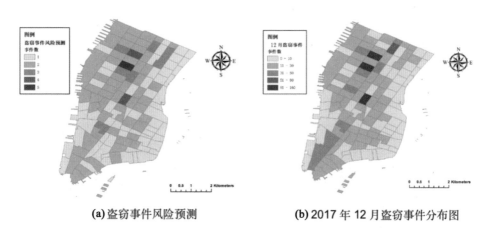

(a)盗窃事件风险预测　　　　　**(b) 2017 年 12 月盗窃事件分布图**

图 6.20　盗窃事件风险预测与实际发生案例对比图

6.4　群体性抗议事件的犯罪关联分析

犯罪事件的时空分布往往受到经济、社会等各方面的影响，城市中出现的大型群体性抗议活动往往会对城市犯罪事件产生重大影响。以 2020 年美国弗洛伊德事件为例，研究纽约市的群体性抗议事件下犯罪事件的时空分布规律及其关联分析。2020 年 5 月 25 日乔治·弗洛伊德（George Floyd）因警察暴力执法而去世，5 月 26 日明尼阿波利斯市出现抗议活动，随后在美国的各个城市，包括纽约、洛杉矶等城市都爆发了抗议活动。由于 2020 年新冠肺炎疫情的影响，因此在研究"弗洛伊德事件"抗议活动爆发后的犯罪时空分布时，必须考虑到该地由于新冠肺炎疫情颁布的"居家令"对其的影响。

6.4.1　"弗洛伊德事件"抗议活动的态势发展分析

示威、集会、罢工等群体性抗议事件是影响恶劣的社会集体性事件，往往涉及大多数人的日常生活、秩序、环境等切身利益问题，有时甚至引发大规模骚乱或暴乱，造成流血冲突，经济发展迟滞，内部损耗和政权失控等严重后果。从空间角度出发，挖掘隐藏在群体性抗议事件中的社会规律，对于政府预防、管控群体性抗议事件的发生和发展，具有参考价值。

为研究"弗洛伊德事件"对纽约市犯罪事件的影响，本研究对 2020 年 1 月 1 日至 2020 年 9 月 30 日的犯罪事件进行统计分析。图 6.21 为纽约市每日犯罪数据的折线图，其中绿线的时间为 2020 年 3 月 2 日，即纽约市第一次出现新冠肺炎病例的时间；红线的时间为 2020 年 3 月 13 日，主要事件为美股连续触发 4 次熔断（时间分别为 3 月 9 日、3 月 12 日、3 月 16 日和 3 月 18 日）；黄线的时间为 2020 年 5 月 25 日，即"弗洛伊德事件"的发生时间；两条虚线时间分别为 2020 年 5 月 30 日（"弗洛伊德事件"矛盾加剧）以及 2020 年 6 月 1 日（两次尸检报告时间）。图 6.21 为纽约市 1 月至 9 月的犯罪数据箱线图，图中已标出平均值线以及异常值。

从图 6.21 分析可知，2020 年 1 月至 9 月纽约市的犯罪事件呈现出三个时间段的规律波动。第一个时间段为 2020 年 1 月初至 2020 年 3 月上旬，从纽约市颁布"居家令"以后，犯罪事件急剧下降后缓慢增加，"弗洛伊德事件"发生以后犯罪事件呈增加趋势，在矛盾逐渐加剧，抗议活动爆发后犯罪数量激增至最大值，随后下降并开始稳定波动。对照图 6.22 的箱线图，6 月的犯罪事件总体上更为集中，存在的两个异常值即为 6 月 1 日、6 月 2 日抗议活动爆发的时间。但是由于政府颁布的宵禁令以及事件相关警察被停职以后，6 月 3 日后的犯罪数量相对其他月份更少且更为集中。

由于抗议活动导致的犯罪数量变化与犯罪类型也有相关性，因此有必要研究不同的犯罪类型受抗议活动的影响大小。图 6.23 为纽约市不同犯罪类型统计折线图，可以看出只有入室抢劫类型的犯罪在"弗洛伊德事件"发生后发生了较大的波动。

6.4.3　空间分布分析

用离散点的形式描述抗议事件不能充分体现其空间分布趋势，可采用核密度估计方法。核密度估计是一种基于非参数估计的空间数据描述方法，它将研究区域格网化，通过定义核函数，计算样本点落入每个格网的概率来计算目标

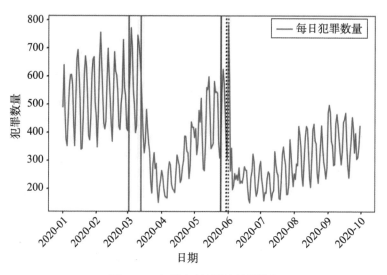

图 6.21　纽约市每日犯罪折线图

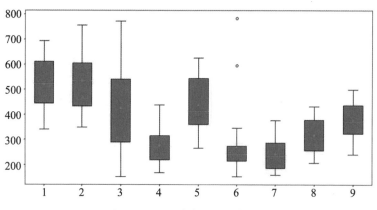

图 6.22　纽约市每月犯罪箱线图

数据的空间分布；表现形式方面，它将点状空间要素转化为面状要素，用不同颜色区分不同格网中数据的分布概率。用核密度估计方法处理抗议事件空间位置数据，得到如图 6.24 所示结果，图 6.24 中蓝色的面状要素为核密度估计的结果，红色的点状要素是以频次作为权重的抗议事件的严重程度。

　　从分布趋势可以看出，群体性抗议事件呈现出明显的空间聚集效应：它们更多地出现在美国本土东部；而在西部，它们则主要集中于西海岸地区。核密

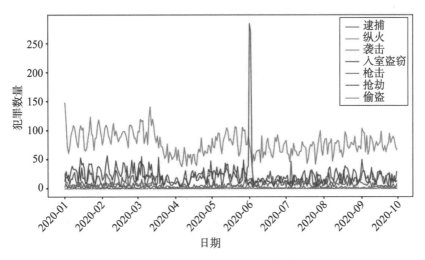

图 6.23　纽约市不同类型犯罪折线图

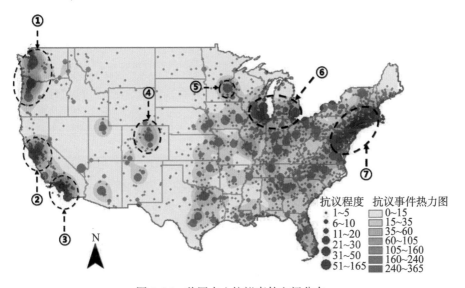

图 6.24　美国本土抗议事件空间分布

度估计目视判读的结果表明，美国的大都市区一般是抗议活动程度较高的区域，从中能够提取出 7 个有代表性的抗议事件聚集中心，如图 6.24 所示，它们分别是：以西雅图和俄勒冈为中心的区域①；以旧金山为中心的区域②；以洛杉矶为中心的区域③；以丹佛为中心的区域④；以明尼阿波利斯为中心的区域⑤；以芝加哥、密尔沃基、底特律为中心的区域⑥；以及以纽约都市圈为中心的区域⑦。

为研究"弗洛伊德事件"发生后纽约市犯罪事件的空间分布变化，对犯罪事件进行核密度分析以及平均最近邻分析。由于在各个犯罪类型中只有入室盗窃犯罪数据在"弗洛伊德事件"爆发后产生了极大的波动性，因此在此研究中只分析入室盗窃犯罪的空间变化。

利用自然间断点分类法对研究区入室盗窃犯罪事件进行分类标注，如图 6.25 所示，入室盗窃犯罪事件数量在各区分布十分不均，从集中在布鲁克林区（5 月 28 日）演变至集中于曼哈顿区，在 6 月 1 日时曼哈顿区数量超过 200 次，而其他地区均在 10 次以下，在 6 月 2 日时集中分布于曼哈顿区和布朗克斯区（均为 100 次以上）。

采用平均最近邻分析（ANN）模型研究抗议期间犯罪事件的空间集中度和犯罪分布，ANN 比率计算公式为：

$$\text{ANN} = \frac{\overline{D}_i}{\overline{D}_e} = \frac{\sum\limits_{i=1}^{n} \dfrac{d_i}{n}}{\dfrac{0.5}{\sqrt{\dfrac{n}{A}}}} \qquad (6.1)$$

式中，$\overline{D}_i$ 表示每个要素点与其最近邻点之间的平均距离；$\overline{D}_e$ 是以随机模式给出的 n 个点的预期平均距离；d_i 表示点 i 与其最邻近点之间的距离；n 表示总的要素点数目，A 为总面积。

如果 ANN 值小于 1，则表示数据呈现聚集模式；如果 ANN 值大于 1，则表示数据呈现分散模式。在利用平均最近邻分析时，会得到数据统计显著性的量度 p 值、z 得分，用来判断是否拒绝零假设。对纽约市 5 月 20 日至 6 月 10 日的入室盗窃犯罪数据进行平均最近邻分析，得到每日犯罪数据的 ANN 比率以及 p 值，如图 6.26 所示，红色条带为 ANN 值，蓝色条带为 p 值。从图中分析可知在 5 月 29 日之前，空间分布状态为波动状态；从 5 月 30 日开始 ANN 值均小于 1，且 p 值和 z 值得分值均为 0，入室盗窃犯罪呈现明显的聚集状态；到 6 月 5 日恢复到离散模式，后又回到波动状态。

6.4.4　空间相关性分析

为探明哪些社会经济指标对抗议事件的发生有影响，哪些指标的影响是正面的，哪些指标的影响是负面的，本研究使用了栅格数据相关性分析方法。由

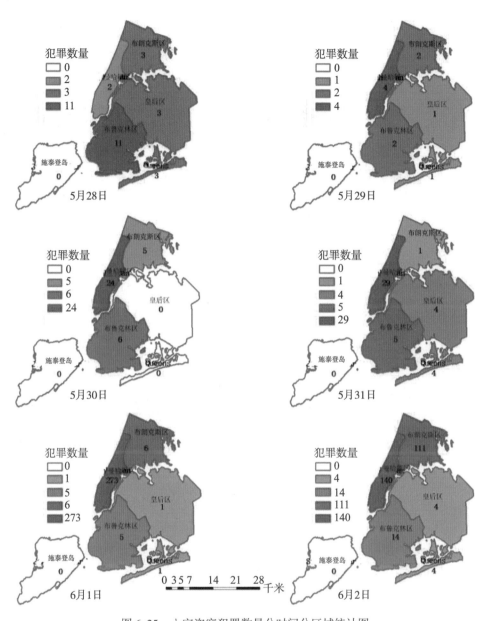

图 6.25 入室盗窃犯罪数量分时间分区域统计图

于矢量数据难以进行全局尺度的相关性分析，因此将全美经济指标矢量数据转换为栅格形式，对它们及抗议事件栅格合计 35 种指标栅格数据，用相关矩阵描述指标间的相关性。

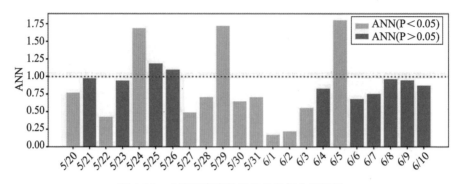

图 6.26　入室盗窃事件平均最近邻分析结果

为计算相关矩阵，需要计算协方差矩阵，协方差矩阵的对角线元素是方差，表示图层中每个像元数值相对于该图层平均值的差异，其他位置的元素则是协方差，表示不同图层间的相关性，协方差的计算公式为：

$$\mathrm{Cov}_{ij} = \frac{\sum_{k=1}^{N} (Z_{ik} - \mu_i)(Z_{jk} - \mu_j)}{N-1} \tag{6.2}$$

式中，i，j 分别表示参与运算的两个图层；k 表示特定的像元；Z 表示像元数值；N 表示图层中像元个数，μ 表示图层像元的平均数值。

协方差矩阵的数值取决于数值的单位，相关矩阵则消去了单位的影响，相关矩阵中元素的计算公式为：

$$\mathrm{Corr}_{ij} = \frac{\mathrm{Cov}_{ij}}{\delta_i \delta_j} \tag{6.3}$$

式中，Cov_{ij} 表示两个图层的协方差；δ 为图层的标准差。

相关性的值域是 [-1，1]，相关性取值为正表示两图层有正向的相关性，即一个图层某位置的指标较大时，另一图层相同位置指标也较大。负相关则正好相反，表示负向的相关性，随着相关性取值的绝对值增大，相关性也越来越明显。相关性取值趋于 0 时，表明两个图层不存在相关关系。将相关矩阵以色块图的形式进行可视化，结果如图 6.27 所示。

由于相关矩阵的对称性，可以用三角矩阵的形式描述相关性。结果表明：与抗议强度正向相关性最高的因素分别是就业人数、人均收入偏差、平均通勤时间、私人工作方式、总人口数、成年人数，以及女性人数。一般来说，这些相关性较高的区域也是城市化程度较高的区域，与传统认知相符。与抗议强度

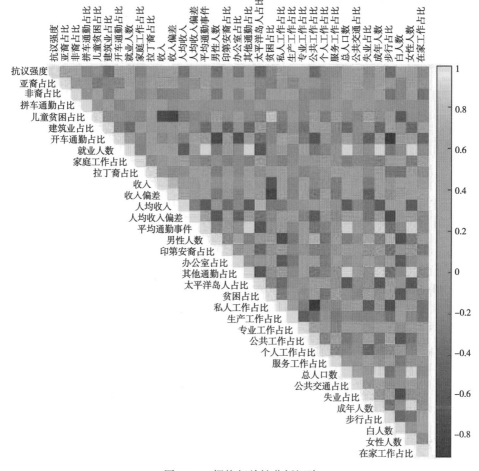

图 6.27　栅格相关性分析矩阵

负向相关性最高的因素包括建筑业从业占比、人均收入、太平洋岛人、公共工作方式以及步行通勤方式。建筑业从业占比和人均收入两项因素与传统认知不符，或许反映了美国城市发展更为均衡的特点，太平洋岛人由于在各地区占比较低，可能存在偶然性，公共工作方式和步行通勤方式则代表着生活相对平稳的非城市区，与抗议活动主要发生在大都市区的推断相符。

参 考 文 献

［1］边馥苓，杜江毅，孟小亮．时空大数据处理的需求、应用与挑战［J］．测绘地理信息，2016，41（6）：1-4.

［2］陈军．GIS 空间数据模型的基本问题和学术前沿［J］．地理学报，1995（S1）：24-33.

［3］陈坤．基于 MRMR 的贝叶斯网络结构学习算法研究［D］．苏州：苏州大学，2013.

［4］陈敏颉，江南，郭玮，等．每日疫情电子地图的设计与制作［J］．测绘科学，2020.

［5］陈金林．基于网络核密度估计城市路网事故黑点鉴别研究［D］．南京：东南大学，2015.

［6］陈云．贝叶斯网络结构学习算法研究及应用［D］．广州：广东工业大学，2015.

［7］程小飞．基于 REST 架构的 Web Services 的研究与设计［D］．武汉：武汉理工大学，2010.

［8］陈彦光．基于 Moran 统计量的空间自相关理论发展和方法改进［J］．地理研究，2009，28（6）：1449-1463.

［9］程学旗，沈华伟．复杂网络的社区结构［J］．复杂系统与复杂性科学，2011，8（1）：57-70.

［10］蔡志武，邱巍巍，武晓鹏．国际原子时和地方原子时的概念与实现分析［J］．测绘科学与工程，2010，30（1）：50-54.

［11］崔清松．空间插值算法在地质建模中的应用［D］．成都：西南石油大学，2010.

［12］戴昌达．遥感图像应用处理与分析［M］．北京：清华大学出版社，2004.

［13］戴劲松，高平．地理空间分析及可视化分析研究［J］．浙江测绘，2003，（4）：12-13.

［14］范维澄，刘奕．城市公共安全与应急管理的思考［J］．城市管理与科技，

2008, 10 (5)：32-34.

[15] 范维澄, 晓讷. 公共安全的研究领域与方法 [J]. 劳动保护, 2012, (12)：70-71.

[16] 方匡南, 吴见彬, 朱建平, 等. 随机森林方法研究综述 [J]. 统计与信息论坛, 2011, 26 (3)：32-38.

[17] 方青, 潘晓东, 喻泽文. 基于关联规则挖掘技术的高速公路交通事故预警方法研究 [J]. 公路工程, 2012, 37 (6)：113-115.

[18] 房艳刚. 城市地理空间系统的复杂性研究 [D]. 长春：东北师范大学, 2006.

[19] 方守恩, 郭忠印, 杨轸. 公路交通事故多发位置鉴别新方法 [J]. 交通运输工程学报, 2001, 1 (1)：90-94+98.

[20] 冯锦霞. 基于 GIS 与地统计学的土壤重金属元素空间变异分析 [D]. 长沙：中南大学, 2007.

[21] 冯晓龙, 高静. 基于大数据技术的考勤数据分析 [J]. 内蒙古农业大学学报（自然科学版）, 2018, 39 (4)：80-85.

[22] 龚健雅. 地理信息系统基础 [M]. 北京：科学出版社, 2001.

[23] 龚婧媛. 基于 GIS 的城市居住空间分异特征研究 [D]. 武汉：武汉大学, 2018.

[24] 宫秀军. 贝叶斯学习理论及其应用研究 [D]. 北京：中国科学院研究生院（计算技术研究所）, 2002.

[25] 关雪峰, 曾宇媚. 时空大数据背景下并行数据处理分析挖掘的进展及趋势 [J]. 地理科学进展, 2018, 37 (10)：1314-1327.

[26] 郭会, 宋关福, 马柳青, 等. 地理编码系统设计与实现 [J]. 计算机工程, 2009, 35 (1)：250-252.

[27] 过秀成, 盛玉刚. 公路交通事故黑点分析技术 [M]. 南京：东南大学出版社, 2009.

[28] 何黎, 何跃, 霍叶青. 微博用户特征分析和核心用户挖掘 [J]. 情报理论与实践, 2011, 34 (11)：121-125.

[29] 胡汉武, 赵崎岳. 一种基于北斗授时的跳频同步实现方法 [J]. 国外电子测量技术, 2013, 32 (8)：10-13.

[30] 胡青, 徐建华, 王志海. GIS 数据库中地址自动匹配方法研究 [J]. 测绘与空间地理信息, 2008, 31 (6)：50-52.

[31] 胡卓玮, 刘晓旭, 彭程, 等. 基于次序权重平均法的购房选择地理空间

多准则决策［J］. 地理研究, 2013, 32 (3)：476-486.

[32] 华一新. 空间决策支持的技术框架［J］. 测绘通报, 2015 (02)：1-4+ 18.

[33] 黄爱玲. 公交客流加权复杂网络结构及动力学行为研究［D］. 北京：北京交通大学, 2014.

[34] 黄庆炬, 吴珊. 基于相对支持度的关联规则和序列模式分析［J］. 软件导刊, 2007, (13)：3-4.

[35] 黄文. 决策树的经典算法：ID3 与 C4.5［J］. 四川文理学院学报, 2007, 17 (5)：16-18.

[36] 黄锡畴. 基于 GIS 的城市犯罪行为空间分布特征及预警分析［J］. 地理科学进展, 2011, 30 (10)：1240-1246.

[37] 戢晓峰, 李晓娟, 杨晓泉, 等. 基于 POI 数据的城市交通设施空间分布特征提取——以昆明市主城区为例［J］. 地域研究与开发, 2020, 39 (3)：76-82.

[38] 蒋良孝. 朴素贝叶斯分类器及其改进算法研究［D］. 武汉：中国地质大学, 2009.

[39] 康军, 张凡, 段宗涛, 等. 基于 LightGBM 的乘客候车路段推荐方法［J］. 测控技术, 2020, 39 (2)：56-62.

[40] 李纲, 陈思菁, 毛进, 等. 自然灾害事件微博热点话题的时空对比分析［J］. 数据分析与知识发现, 2019, 3 (11)：1-15.

[41] 李海涛, 邵泽东. 空间插值分析算法综述［J］. 计算机系统应用, 2019, 28 (7)：1-8.

[42] 李丽. 基于随机森林算法的企业信用风险评价研究［D］. 成都：西南财经大学, 2012.

[43] 李娜. 贝叶斯分类器的应用［J］. 北京工业职业技术学院学报, 2008, 7 (2)：7-10.

[44] 李琦, 姚龙. 基于 REST 架构的湖泊环境监测物联网平台［J］. 计算机工程, 2016, 42 (11)：27-31.

[45] 李洺, 王巍. 政府应急平台数据库的数据需求、实现路径与管理制度［J］. 电子政务, 2008, (5)：56-61.

[46] 李强, 陈然, 戚江一, 等. 基于主机特征的 Cookie 安全研究［J］. 保密科学技术, 2011, (4)：23-25.

[47] 李英冰, 陈敏. 典型自然灾害时空发展态势分析与风险评估［M］. 武

汉：武汉大学出版社，2021.

［48］李月连，韦严，黄乐．基于泰森多边形的那坡县农村居民点空间分布特征研究［J］．广西城镇建设，2020（08）：89-91.

［49］李若倩，孟斌．基于地理探测器的北京市居民通勤距离影响因素分析［J］．资源开发与市场，2020，36（05）：449-455.

［50］李侠男．基于随机森林算法的房地产项目风险评价研究［D］．天津：天津大学，2017.

［51］廖颖，王心源，周俊明．基于地理探测器的大熊猫生境适宜度评价模型及验证［J］．地球信息科学学报，2016，18（6）：767-778.

［52］刘爱华，吴超．基于复杂网络的灾害链风险评估方法的研究［J］．系统工程理论与实践，2015，35（2）：466-472.

［53］刘爱利，王培法，丁园圆，等．地统计学概论［M］．北京：科学出版社，2012.

［54］刘渤海．基于关联规则和空间自相关的道路交通事故影响因素研究［D］．北京：北京交通大学，2019.

［55］刘长东．海洋多源数据获取及基于多源数据的海域管理信息系统［D］．青岛：中国海洋大学，2008.

［56］刘纪平，张福浩，王亮，等．面向大数据的空间信息决策支持服务研究与展望［J］．测绘科学，2014，39（5）：8-12+17.

［57］刘巧兰，李晓松，冯子健，等．Knox 方法在传染病时空聚集性探测中的应用［J］．中华流行病学杂志，2007，28（08）：802-805.

［58］刘天，姚梦雷，陈红缨，等．时空扫描统计量在手足口病聚集性研究中的参数筛选［J］．公共卫生与预防医学，2020，31（5）：49-52.

［59］刘甜，方建，马恒，等．全球陆地气候气象及水文灾害死亡人口时空格局及影响因素分析（1965—2016 年）［J］．自然灾害学报，2019，28（3）：8-16.

［60］刘湘南，黄方，王平．GIS 空间分析原理与方法［M］．北京：科学出版社，2008.

［61］刘尧．交通事故的时空热点分析鉴别以及致因因素探究［D］．杭州：浙江大学，2019.

［62］陆化普，罗圣西，李瑞敏．基于 GIS 分析的深圳市道路交通事故空间分布特征研究［J］．中国公路学报，2019，32（8）：156-164.

［63］陆文慧．基于复杂网络的教育突发事件的演化模型构建与分析［D］．昆

明：云南师范大学，2019.

[64] 栾丽华，吉根林. 决策树分类技术研究 [J]. 计算机工程，2004，30
（9）：94-96，105.

[65] 骆志刚，丁凡，蒋晓舟，等. 复杂网络社团发现算法研究新进展 [J].
国防科技大学学报，2011，33（1）：47-52.

[66] 吕晨，蓝修婷，孙威. 地理探测器方法下北京市人口空间格局变化与自
然因素的关系研究 [J]. 自然资源学报，2017，32（8）：1385-1397.

[67] 马静，焦文献. 我国社会统计数据空间化研究综述 [J]. 未来与发展，
2008，（3）：25-28.

[68] 聂琦. 城市间人群移动行为特征分析与建模 [D]. 北京：北京交通大
学，2018.

[69] 钱宏武. HTTP 协议之前世今生——兼谈网络应用结构设计 [J]. 程序
员，2008，（5）：78-80.

[70] 忻红，卜从哲. 基于标准差椭圆分析法的京津冀服务业空间格局变化研
究 [J]. 河北经贸大学学报（综合版），2018，18（3）：69-74.

[71] 邵芸，宫华泽，王世昂，等. 多源雷达遥感数据汶川地震灾情应急监测
与评价 [J]. 遥感学报，2008，12（6）：865-870.

[72] 单勇. 城市高密度区域的犯罪吸引机制 [J]. 法学研究，2018，40（3）：
118-135.

[73] 任德凌，顾毓清. 面向对象的应用程序编程接口的设计与实现 [J]. 小
型微型计算机系统，2001，22（7）：813-815.

[74] 佘冰，朱欣焰，呙维，等. 道路网约束下的城市事件空间点模式分析
[J]. 计算机应用研究，2013，30（8）：2327-2329.

[75] 佘冰，朱欣焰，呙维，等. 基于空间点模式分析的城市管理事件空间分布
及演化——以武汉市江汉区为例 [J]. 地理科学进展，2013，32（6）：
924-931.

[76] 史培军，苏筠，周武光. 土地利用变化对农业自然灾害灾情的影响机理
（一）——基于实地调查与统计资料的分析 [J]. 自然灾害学报，1999，
8（1）：1-8.

[77] 史培军，周武光，方伟华，等. 土地利用变化对农业自然灾害灾情的影
响机理（二）——基于家户调查、实地考察与测量、空间定位系统的分
析 [J]. 自然灾害学报，1999，8（3）：22-29.

[78] 苏奋振，周成虎. 过程地理信息系统框架基础与原型构建 [J]. 地理研

究，2006（3）：477-484.

[79] 孙峰华，毛爱华. 犯罪地理学的理论研究［J］. 人文地理，2003，18（5）：70-74.

[80] 孙亚军，肖伦. 2014—2018 年重庆市九龙坡区传染病突发公共卫生事件时空特征分析［J］. 预防医学情报杂志，2020，36（1）：15-19.

[81] 孙逸敏. 利用 SPSS 软件分析变量间的相关性［J］. 新疆教育学院学报，2007，23（2）：120-123.

[82] 谭星. 城市主干路交通状态评价与关联规则挖掘研究［D］. 哈尔滨：哈尔滨工业大学，2018.

[83] 汤国安，杨昕，等. ArcGIS 地理信息系统空间分析实验教程（第二版）［M］. 北京：科学出版社，2012.

[84] 汤毅平. 基于 Apriori 算法的重新犯罪关联规则挖掘［J］. 指挥信息系统与技术，2016，7（3）：91-95.

[85] 田鑫. 吉林省 2013—2016 年麻疹空间分布特点分析［D］. 长春：吉林大学，2017.

[86] 王静爱，史培军，刘颖慧，等. 中国 1990~1996 年冰雹灾害及其时空动态分析［J］. 自然灾害学报，1999，8（3）：46-53.

[87] 王芳，安璐，黄如花，等. 突发公共卫生事件中的科学应对与思考：图情专家谈新冠疫情［J］. 图书情报知识，2020（2）：4-14.

[88] 王家耀，武芳，郭建忠，等. 时空大数据面临的挑战与机遇［J］. 测绘科学，2017，42（7）：1-7.

[89] 王劲峰. 空间数据分析教程［M］. 第 2 版. 北京：科学出版社，2019.

[90] 王劲峰，廖一兰，刘鑫，等. 空间数据分析教程［M］. 北京：科学出版社，2019.

[91] 王劲峰，徐成东. 地理探测器：原理与展望［J］. 地理学报，2017，72（1）：116-134.

[92] 王鲁茜. 中国伤寒和霍乱的时空分布及气候地理因素的关联性分析［D］. 北京：中国疾病预防控制中心，2011.

[93] 王淼，李雪铭. 城市人居环境适宜度评价——以大连市内四区为例［J］. 西部人居环境学刊，2018，33（4）：48-53.

[94] 王艳妮，谢金梅，郭祥. ArcGIS 中的地统计克里格插值法及其应用［J］. 软件导刊，2008，7（12）：36-38.

[95] 王强，许红民. 主成分分析在基因芯片分析中的应用［J］. 军医进修学

院学报，2005，26（2）：145-147.

［96］ 王庆东．基于粗糙集的数据挖掘方法研究［D］．杭州：浙江大学，2005.

［97］ 王盛校．时空数据库模型研究与实现［D］．北京：中国测绘科学研究院，2006.

［98］ 王帅．犯罪案件时空热点分析研究［D］．北京：首都师范大学，2012.

［99］ 王莺，王静，姚玉璧，等．基于主成分分析的中国南方干旱脆弱性评价［J］．生态环境学报，2014，23（12）：1897-1904.

［100］ 王颖志，王立君．基于网络时空核密度的交通事故多发点鉴别方法［J］．地理科学，2019，39（8）：1238-1245.

［101］ 王银苹．基于自发地理信息的城市住宅价格时空分析［D］．开封：河南大学，2019.

［102］ 文彬，姚翔，庞辉，等．国内外应急产业科技发展现状及建议［J］．设备管理与维修，2017，（6）：12-14.

［103］ 温惠英，邢康，沈芬．基于 Moran 模型的道路交通事故空间自相关特征分析［J］．交通与计算机，2008，26（3）：31-33+37.

［104］ 翁敏，李霖，苏世亮，等．空间数据分析案例式实验教程［M］．北京：科学出版社，2019.

［105］ 吴喜之．复杂数据统计方法：基于 R 的应用［M］．北京：中国人民大学出版社，2012：33.

［106］ 席建锋，王晓燕，王双维，等．基于粗糙集的道路交通事故成因层次分析方法［J］．长春理工大学学报（自然科学版），2009，32（2）：257-259.

［107］ 夏英，张俊，王国胤．时空关联规则挖掘算法及其在 ITS 中的应用［J］．计算机科学，2011，38（9）：173-176.

［108］ 夏泽龙，李浩，陈跃红．城市火灾事件时空分布规律与关联规则挖掘［J］．消防科学与技术，2017，36（10）：1449-1453.

［109］ 谢卡尔．空间数据库［M］．北京：机械工业出版社，2004.

［110］ 解坤，张俊芳．基于 KMO-Bartlett 典型风速选取的 PCA-WNN 短期风速预测［J］．发电设备，2017，31（2）：86-91.

［111］ 薛存金，苏奋振，周成虎．基于特征的海洋锋线过程时空数据模型分析与应用［J］．地球信息科学，2007，9（5）：50-56.

［112］ 薛存金，周成虎，苏奋振，等．面向过程的时空数据模型研究［J］．测

绘学报，2010，39（1）：95-101.

[113] 徐飞龙．基于 GIS 空间分析的医院布局研究［D］．重庆：重庆医科大学，2014.

[114] 徐绍铨，张华海，杨志强，等．GPS 测量原理及应用［M］．武汉：武汉大学出版社，2016.

[115] 谢小韦．浅析多元线性回归中多重共线性问题的三种解决方法［J］．科技信息，2009（28）：117-118.

[116] 徐鹏，蒋凯，王泽华，等．基于粗糙集的道路交通事故客观因素显著性分析［J］．华东交通大学学报，2017，34（6）：66-71.

[117] 夏智强．几类传染病动力学建模与理论研究［D］．太原：中北大学，2016.

[118] 薛澜，朱琴．危机管理的国际借鉴：以美国突发公共卫生事件应对体系为例［J］．中国行政管理，2003，（8）：51-56.

[119] 闫密巧，过仲阳，任浙豪．基于聚类关联规则的公交扒窃犯罪时空分析［J］．华东师范大学学报（自然科学版），2017，（3）：145-152.

[120] 闫庆武，卞正富，王桢．基于空间分析的徐州市居民点分布模式研究［J］．测绘科学，2009，34（5）：160-163.

[121] 颜跃进，李舟军，陈火旺．频繁项集挖掘算法［J］．计算机科学，2004，31（3）：112-114.

[122] 杨迪，杨旭，吴相利，等．东北地区能源消费碳排放时空演变特征及其驱动机制［J］．环境科学学报，2018，38（11）：4554-4565.

[123] 杨丰硕，杨晓梅，王志华，等．江西省典型县域经济差异影响因子地理探测研究［J］．地球信息科学学报，2018，20（1）：79-88.

[124] 杨骏，李永树，蔡国林．面向过程的时空数据模型实现研究［J］．测绘科学，2006，31（6）：91-92.

[125] 杨勇，张再生．基于多元统计的城市设施综合评价研究［J］．西安电子科技大学学报（社会科学版），2009，19（2）：56-61.

[126] 姚进喜，蓝弘，何健，等．甘肃省 2010—2012 年突发公共卫生事件时空分布特征分析［J］．中国初级卫生保健，2014，28（1）：68-70.

[127] 姚明海，陈占省，顾勤龙．基于 REST 架构的离散制造业物联网平台［J］．浙江工业大学学报，2015，43（4）：425-430.

[128] 姚智胜，邵春福，龙德璐．基于粗糙集理论的路段交通事故多发点成因分析［J］．中国安全科学学报，2005，15（12）：107-109+101+137.

[129] 尹上岗, 李在军, 宋伟轩, 等. 基于地理探测器的南京市住宅租金空间分异格局及驱动因素研究 [J]. 地球信息科学学报, 2018, 20 (8): 1139-1149.

[130] 印勇, 曹长修, 张邦礼. 基于粗糙集理论的分类规则发现 [J]. 重庆大学学报 (自然科学版), 2000, 23 (1): 63-65+73.

[131] 叶三星. 平面内任意散乱点集的泰森多边形构建 [D]. 武汉: 中国地质大学, 2013.

[132] 叶文菁, 吴升. 基于加权时空关联规则的公交扒窃犯罪模式识别 [J]. 地球信息科学学报, 2014, 16 (4): 537-544.

[133] 岳瀚, 朱欣焰, 呙维, 等. Knox 时空交互检验空间阈值确定方法 [J]. 武汉大学学报 (信息科学版), 2018, 43 (11): 1719-1724.

[134] 岳慧颖. 含有时空约束的关联规则挖掘方法研究 [D]. 哈尔滨: 哈尔滨工程大学, 2004.

[135] 张沧生, 崔丽娟, 杨刚, 等. 集成学习算法的比较研究 [J]. 河北大学学报 (自然科学版), 2007, 27 (5): 551-554.

[136] 张俊. 时空关联性分析方法研究与应用 [D]. 重庆: 重庆邮电大学, 2011.

[137] 张文修, 吴伟志. 粗糙集理论与方法 [M]. 北京: 科学出版社, 2001.

[138] 张岩, 李英冰, 郑翔. 基于微博数据的台风 "山竹" 舆情演化时空分析 [J]. 山东大学学报 (工学版), 2020a, 50 (5): 118-126.

[139] 张岩, 李英冰, 郑翔. 人口迁徙格局在重大突发公共卫生事件的时空关联性研究 [J]. 测绘地理信息, 2020, 45 (5): 66-71.

[140] 张拯. 基于主成分分析法的变形信息提取研究 [D]. 成都: 西南交通大学, 2016.

[141] 张志, 胡志勇. RESTful 架构在 Web Service 中的应用 [J]. 自动化技术与应用, 2018, 37 (10): 33-37.

[142] 章堃. 门诊病人就诊行为模型挖掘研究 [D]. 上海: 华东理工大学, 2012.

[143] 赵飞, 王黎霞, 成诗明, 等. 中国 2008—2010 年结核病空间分布特征分析 [J]. 中华流行病学杂志, 2013, 34 (2): 168-172.

[144] 赵鹏程. 分布式书籍网络爬虫系统的设计与实现 [D]. 成都: 西南交通大学, 2014.

[145] 赵鹏祥. 基于轨迹聚类的城市热点区域提取与分析方法研究 [D]. 武

汉：武汉大学，2015.

[146] 周春辉，朱欣焰，苏科华，等 . 基于 LBS 的兴趣点查询与更新机制研究 [J]. 微计算机信息，2009，25（19）：143-145.

[147] 周德懋，李舟军 . 高性能网络爬虫：研究综述 [J]. 计算机科学，2009，36（8）：26-29.

[148] 周辉，周晓光，何凭宗，等 . 基态修正模型的时空数据组织和快照查询方法研究 [J]. 地理信息世界，2010，8（02）：49-53.

[149] 周俊华，史培军，方伟华 . 1736—1998 年中国洪涝灾害持续时间分析 [J]. 北京师范大学学报（自然科学版），2001，37w（3）：409-414.

[150] 周坚华 . 遥感图像分析与空间数据挖掘 [M]. 上海：上海科技教育出版社，2010.

[151] 周忠玉，王式功，马玉霞，等 . 我国心脑血管疾病和呼吸系统疾病的时空分布及其与气象条件的关系 [C] //第 27 届中国气象学会年会气候环境变化与人体健康分会场论文集 . 中国气象学会，2010.

[152] 祝光湖 . 复杂网络上的传染病传播动力学研究 [D]. 上海：上海大学，2013.

[153] 朱婷婷，涂伟，乐阳，等 . 利用地理标签数据感知城市活力 [J]. 测绘学报，2020，49（3）：365.

[154] 朱明敏 . 贝叶斯网络结构学习与推理研究 [D]. 西安：西安电子科技大学，2013.

[155] 周亮，周成虎，杨帆，等 . 2000—2011 年中国 PM（2.5）时空演化特征及驱动因素解析 [J]. 地理学报，2017，72（11）：2079-2092.

[156] Bartlett M S. The mathematical theory of epidemics [J]. Journal of the Royal Statistical Society：Series A（General），1958，121（2）：144-145.

[157] Breiman L. Bagging predictors [J]. Machine Learning. 1996，24（2）：123-140.

[158] Cutter S L, Barnes L, Berry M, et al. A place-based model for understanding community resilience to natural disasters [J]. Global Environmental Change, 2008, 18（4）：598-606.

[159] Elvik R. Evaluations of road accident blackspot treatment：a case of the Iron Law of Evaluation Studies [J]. Accident Analysis & Prevention, 1997, 29（2）：191-199.

[160] Fielding T R. Architectural styles and the design of network-based software

architectures [C] // University of California, Irvine, 2000: 303.

[161] Fonseca A M, Biscaya J L, Aires-De-Sousa J, et al. Geographical classification of crude oils by Kohonen self-organizing maps [J]. Analytica Chimica ACTA. 2006, 556 (2): 374-382.

[162] Geary R C. The contiguity ratio and statistical mapping [J]. The Incorporated Statistician, 1954, 5: 115-145.

[163] Kevin H, Joseph G, Karl F B. Geographic heterogeneity in otolaryngology medicare new patient visits. [J]. Otolaryngology-head and neck surgery: official journal of American Academy of Otolaryngology-Head and Neck Surgery. 2020, 162 (6): 860-866.

[164] Kurane I. the emerging and forecasted effect of climate change on human health [J]. Journal of Health Science, 2009, 55 (6): 865-869.

[165] Lefever D W. Measuring geographic concentration by means of the standard deviational ellipse [J]. The American Journal of Sociology. 1926, 32 (1): 88-94.

[166] Li J, Chen S, Chen W, et al. Semantics-space-time cube. a conceptual framework for systematic analysis of texts in space and time [J]. IEEE transactions on visualization and computer graphics, 2018, 26 (4): 1789-1806.

[167] Li M, Shi X, Li X, et al. Sensitivity of disease cluster detection to spatial scales: an analysis with the spatial scan statistic method [J]. International Journal of Geographical Information Science, 2019, 33 (11): 2125-2152.

[168] Louppe G. Understanding random forests: from theory to practice [D]. Belgium: University of Liege, 2014.

[169] Mitchel A E. The ESRI Guide to GIS analysis, Volume 2: Spartial measurements and statistics [J]. Esri Guide to Gis Analysis, 2005.

[170] Moran P A P. Notes on continuous stochastic phenomena [J]. Biometrika, 1950, 37: 17-23.

[171] Parzen E. On estimation of probability density function and mode [J]. The Annals of Mathematical Statistics, 1962, 33 (3): 1065-1076.

[172] Razavi Termeh S V, Kornejady A, Pourghasemi H R, et al. Flood susceptibility mapping using novel ensembles of adaptive neuro fuzzy inference system and metaheuristic algorithms [J]. Science of The Total

Environment, 2018, 615: 438-451.

[173] Rosenblatt M. Remarks on some nonparametric estimates of a density function [J]. The Annals of Mathematical Statistics, 1956, 27 (3): 832-837.

[174] Romano B, Jiang Z. Visualizing Traffic Accident Hotspots Based on Spatial-Temporal Network Kernel Density Estimation [C] // Acm Sigspatial International Conference on Advances in Geographic Information Systems. ACM, 2017.

[175] Rufat S, Tate E, Burton C G, et al. Social vulnerability to floods: Review of case studies and implications for measurement [J]. International Journal of Disaster Risk Reduction, 2015, 14: 470-486.

[176] Saaty T L. Modeling unstructured decision problems-the theory of analytical hierarchies [J]. Mathematics and Computers in Simulation, 1978, 20 (3): 147-158.

[177] Song W, Ge, et al. An optimal parameters-based geographical detector model enhances geographic characteristics of explanatory variables for spatial heterogeneity analysis: cases with different types of spatial data [J]. GIScience & Remote Sensing, 2020, 57 (5): 593-610.

[178] Tehrany M S, Pradhan B, Jebur M N. Flood susceptibility mapping using a novel ensemble weights-of-evidence and support vector machine models in GIS [J]. Journal of Hydrology, 2014, 512: 332-343.

[179] Tom M Mitchell. 机器学习 [M]. 曾华军, 张银奎, 等, 译. 北京: 机械工业出版社, 2003.

[180] Verhein F, Chawla S. Mining Spatio-temporal Association Rules, Sources, Sinks, Stationary Regions and Thoroughfares in Object Mobility Databases. {Lecture Notes in Computer Science [M]. Berlin, Heidelberg: Springer Berlin Heidelberg, 2006: 187-201.

[181] Wang J, Li X, Christakos G, et al. Geographical detectors-based health risk assessment and its application in the neural tube defects study of the Heshun Region, China [J]. International Journal of Geographical Information Science, 2010, 24 (1): 107-127.

[182] William V, Ackerman, Alan T. Murray. Assessing spatial patterns of crime in Lima, Ohio [J]. Cities, 2004, 21 (5): 423-437.